兴林富民实用技术丛书

图说竹子病虫识别与防治

浙江省林业厅 组编

浙江科学技术出版社

图书在版编目(CIP)数据

图说竹子病虫识别与防治/徐天森等著. —杭州：浙江科学技术出版社，2008.12

(兴林富民实用技术丛书/浙江省林业厅组编)

ISBN 978-7-5341-3284-1

Ⅰ.图... Ⅱ.徐... Ⅲ.竹亚科—病虫害防治方法—图解 Ⅳ.S763.75-64

中国版本图书馆 CIP 数据核字 (2008) 第 035180 号

丛 书 名	兴林富民实用技术丛书
书 名	**图说竹子病虫识别与防治**
组 编	浙江省林业厅
出版发行	浙江科学技术出版社 杭州市体育场路 347 号 邮政编码：310006 联系电话：0571-85170300-61711 E-mail：zx@zkpress.com
排 版	杭州大漠照排印刷有限公司
印 刷	杭州下教印刷厂
经 销	全国各地新华书店
开 本	880×1230 1/32 印张 4.25
字 数	117 000
版 次	2008 年 12 月第 1 版 2012 年 2 月第 3 次印刷
书 号	ISBN 978-7-5341-3284-1 定价 18.00 元

责任编辑 詹 喜 **封面设计** 金 晖

责任校对 顾 均 **责任印务** 徐忠雷

《兴林富民实用技术丛书》
编辑委员会

《图说竹子病虫识别与防治》
编写人员

著　　者　徐天森　王浩杰　俞彩珠

序

林业是生态建设的主体,是国民经济的重要组成部分。浙江作为一个“七山一水二分田”的省份,加快林业发展,建设“山上浙江”,对全面落实科学发展观、推动经济社会又好又快发展,对促进山区农民增收致富、扎实推进社会主义新农村建设,对建设生态文明、构建社会主义和谐社会都具有重要意义。

改革开放以来,浙江省林业建设取得了显著成效,森林资源持续增长,林业产业日益壮大,林业行业社会总产值位居全国前列。总结浙江林业发展的经验,关键是坚持了科技兴林这一林业建设的基本方针,把科技作为转变林业发展方式的重要手段,“一手抓创新,一手抓推广”,不断增强现代林业的科技支撑。我们要认真总结经验,在进一步深化改革、搞活林业经营体制机制的同时,继续把科技兴林作为发展现代林业的战略举措,坚持林业科研与生产的有效结合,强化应用技术研究,加快科技成果转化,不断提高林业生产效率、经营水平和经济效益,推动现代林业又好又快发展。

为进一步加快林业先进实用技术的普及和推广应用,浙江省林业厅组织有关专家编写了这套《兴林富民实用技术丛书》。本套丛书突出图说实用技术的特点,图文并茂,内容丰富，具有创新性、直观性，通俗易懂，便于应用，适合于林业技术培训需要，是从事林业生产特别是专业合作组织、龙头企业、科技示范户以及责任林技人员的科普读本、致富读本。相信这套丛书的编写出版，对于发展现代林业，做大、做强具有浙江优势的竹木、花卉苗木、特色经济林等林业主导产业，提高农民科技素质具有积极作用。希望浙江省各级林业部门用好这套丛书，切实加强以林业专业大户、林业企业经营者和专业合作组织为重点的林业技术培训，提高广大林农从事现代林业生产经营的技能，为全面提升林业的综合生产能力和林产品的市场竞争力，走出一条经济高效、产品安全、资源节约、环境友好、技术密集、人力资源优势得到充分发挥的现代林业新路子提供服务、作出贡献。

浙江省政协主席 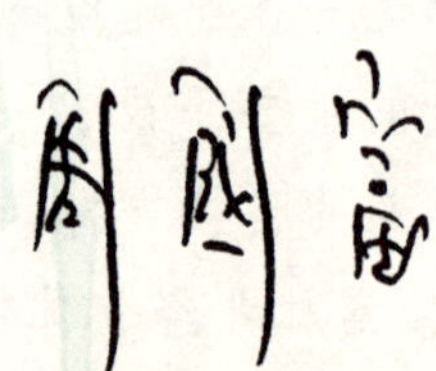

2008年6月

前言

竹子具有生长快、成林速、产量高、采伐周期短、年年可以采伐的特点，因而是永续作业的优良植物；同时又能改善生态环境，是净化空气、涵蓄和清洁水源的优良植物。随着竹子产品加工、利用和开发的不断深入，竹子的经济价值日益提高，目前在一些区域的地方财政中占有相当重要的地位，种植竹子已经成为竹农脱贫致富的重要手段。因此，竹农对竹子的经营管理日益精细，特别是对竹子病、虫的发生相当重视，只要在竹林中发现有昆虫取食、出现病症的现象，都相当紧张，甚至拿到农药就喷，不问是什么虫、什么病、什么药、多少浓度，结果往往是不该治的治了，甚至当害虫发生已被天敌抑制了，仍然还在喷药，这样不仅没有杀到虫，反而杀死了天敌，破坏了环境。

为进一步加快林业先进实用技术的普及和推广应用，浙江省林业厅组织有关专家编写了这套《兴林富民实用技术丛书》，《图说竹子病虫识别与防治》即为其中之一。中国林业科学院亚热带林业科学研究所对竹子害虫的研究、浙江林学院对竹子病害的研究在国内外一直处于领先的位置，本书即是将50年来对竹子病虫的研究成果进行总结的基础上编写而成的。本书以图文并茂的形式，简明介绍了竹子上常见病、虫，内容通俗易懂，从而使竹农拿到书结合图片和文字，就能知道竹子上发生的是什么病、虫，什么时间发生，危害性有多大，怎样进行科学管理，危害程度严重时怎么控制它。我们的目的是："从现在开始，我们要非常注重保护环境，采取环境友好型防治措施，保护天敌，保护森林生物多样性，提高我国森林自身的抗性，实现有虫不成灾。”让有虫就喷药，不问其后果的时代过去吧。

由于时间限制、写作匆忙，书中错误之处在所难免，希望各位读者在使用此书时多提宝贵意见，以便今后进行修订，使其逐渐完善。

徐天森

2008 年元旦

目录
CONTENTS

一、竹子害虫

(一) 竹笋害虫

(二) 竹叶害虫

一、竹子害虫

取食竹子各个部位的昆虫很多，据 1993 年初步统计，约有 683 种，属于 10 目 75 科 683 种，经 10 多年的变化和深入的研究，目前发现的竹林昆虫已有 1000 余种了。这些竹林昆虫中，真正发生危害且造成损失的不到 100 种，这部分昆虫称为竹子害虫。根据危害竹子部位的不同可将其分为竹笋害虫，竹叶害虫，竹枝、秆害虫，竹材害虫，竹花实害虫，现仅选择竹林中常见的、危害较重的害虫进行简要的介绍。

(一) 竹笋害虫

危害竹子地下、地上幼嫩部分的害虫，包括危害已出土生长但未脱笋箨的竹笋，地下的竹笋嫩根、竹鞭、鞭根及鞭上的顶芽(又称鞭笋)的害虫，统称为竹笋害虫。约有 6 目 20 科 100 余种。以竹笋象虫、竹笋夜蛾危害最重。

1. 竹蝉

学名为 *Platylomia pieli* Kato。属同翅目蝉科。分布于我国长江以南竹产区。危害刚竹属中茎粗、鞭粗竹种的竹鞭、芽、笋汁液，造成竹鞭溃疡、腐烂，使被害竹林出笋减少，新竹围径下降。成虫在竹上吸食枝条汁液补充营养，造成竹上大量枯枝，并为后 1~2 代竹蝉成虫提供产卵场所；成虫还取食香樟、枫香、水杉、木荷等多种树木汁液。

识别要点

成虫 雌虫体长 38.6~44.1 毫米，雄虫体长 42.9~53.5 毫米。初羽化的

成虫体为绿色，随后颜色加深，出现黑色和棕色相嵌的斑纹。触角呈鬃毛状，复眼突出。中胸粗大，有似京剧大花脸脸谱式斑纹。前足腿节、胫节略粗，胫节下方有刺2枚，形成钳状。腹部为黑褐色，被白粉，稀生金黄色短细毛。雌虫尾部呈锥状，产卵器坚硬；雄虫尾较钝。雄虫发音器发达，护音瓣平均长23.2毫米。

竹蝉成虫

卵 长梭形，长径2.45~2.78毫米，呈乳白色，卵表有似玉质的光泽。

若虫 若虫共5龄。初孵若虫体长仅1.8~4.5毫米；老熟若虫体长34.4~45.5毫米，呈橙红色。前额突出，下方密生棕色刚毛。复眼突出，乳白色。触角9节，细长，呈线状。前胸背板前方有1个倒三角形，三角形两斜边外侧各有1条深沟，在背中终止。气门呈粉白色。前足腿节、胫节粗壮，特化成钳式，胫节呈三角形，上方有齿，呈黑褐色。

竹蝉卵及产卵枝

竹蝉若虫

 发生时期

多年发生1代。以卵在立竹枯腐的竹枝中和以各龄若虫在土下竹鞭附

近洞穴中越冬。成虫于6月下旬、7月上旬开始羽化,8月下旬羽化结束,成虫发生期为6月下旬到9月中旬。成虫补充营养后于7月中旬开始交尾,7月下旬产卵,8月底产卵结束。次年7月上旬卵开始孵化,卵在竹上枯竹枝中停留11~12个月。

防治方法

(1) 保护天敌:竹蝉天敌种类较多,捕食成虫的鸟有5~6种;捕食性昆虫有螳螂;卵期有寄生性昆虫竹蝉旋小蜂;若虫期有竹蝉履甲;若虫寄生菌有蝉花菌、竹蝉虫草(冬虫夏草)。蝉花菌会产生白色的孢子梗,孢子梗分枝形似鸡冠花,俗称蝉花,是我国传统的名贵中药材。近来日本有报道从蝉花中分离出半乳甘露聚糖对小白鼠S180肉瘤有颉颃作用,抑制率为47%;从蝉花培养滤液中分离出Ips-1活性物质,具有显著免疫抑制作用。但对于竹蝉蝉花、虫草的研究、开发、利用均未能很好开展。

竹蝉蝉花

(2) 挂枝诱卵:7月初,从竹林地面收集2年以上的枯枝,成束挂于立竹秆2~3米高的部位,诱集竹蝉产卵。在次年6月卵未孵前取下烧毁。

(3) 灯光诱杀:7月初安装黑光灯诱集成虫,7月中旬一晚一灯最多可诱集竹蝉400多只。竹蝉肉已是餐馆新开发的特色菜肴。

(4) 捕捉若虫:老熟若虫出土后羽化时,每天晚上7~9时带手电于竹林中捕捉出土羽化的老熟若虫,捕捉到的老熟若虫现也已是餐业开发的美食佳肴。

(5) 药剂防治:如果虫情特别严重,直接影响竹林收益,又不需要以竹蝉为副业,在新竹开枝后,可以在竹子周围沟施"菌虫净地虎"(山东富先达农药有限公司生产),用量为每亩800克。此药见光易分解,施药后应立即覆盖好土壤。

2. 筛胸梳爪叩甲

学名为 *Melanotus*(*Spheniscosomus*)*cribricollis*(Faldermann)。属鞘翅目叩甲科。分布于我国华北以南各省份以及日本等国。危害竹笋及农作物。以幼虫(金针虫)在土下栖息、生活,取食竹笋地下部分,被害严重的竹林、竹笋地下部分虫孔累累,枯萎而死。危害轻者,竹笋食用部分减少,商品外貌欠佳。被害竹笋生长成竹,但笋根大多被食,竹子吸收、牵引、支撑能力下降,生长衰弱,极易倒伏。在食物缺乏时,金针虫也取食草根及地下有机物。

筛胸梳爪叩甲成虫

识别要点

成虫 体长 9.8~11.6 毫米。头呈“凸”字形,呈黑色,密布较粗的刻点。触角 11 节,第 1 节端部较粗,第 2、第 3 节呈念珠状,末节呈纺锤形,余为锯齿状。复眼呈黑色。前胸背板刻点较头部为小,后缘两尖角间宽 2.6~3.4 毫米,后缘角向后突出约 0.5 毫米,包于鞘翅肩部。体、鞘翅呈黑色。鞘翅长于前胸 2 倍,由刻点组成 9 条纵沟。胸部腹面呈黑色,腹部腹面呈暗红色或棕红色。足呈棕色。

幼虫 老熟幼虫体长 27.2~31.5 毫米,体细长,扁圆筒形,呈暗红色或红褐色。头扁平梯形,上有纵沟 4 条,大颚呈漆黑色。前胸节特长,长度为中、后胸节之和。体背线位置有较浅细的凹陷沟,气门在各节前缘,扁椭圆形,黑色。各体节前后缘有边、上有纵细纹,从中胸节到第 8 腹节在亚背线位置,前缘有较小的半月形斑。尾节圆锥

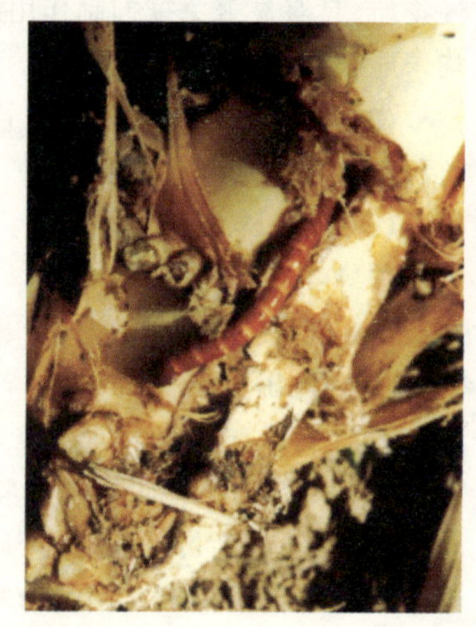
筛胸梳爪叩甲幼虫食笋

形，较长，有5个突起，末端3个突起呈“山”字形，以中间1个为长。

蛹 体长10.5~12.8毫米。初化蛹乳白色，洁白光亮，后渐变为淡黄色，羽化前为灰黑色。头向前倾斜，触角锯齿状明显，触角上方有1根棕色刚毛，前胸后缘、近小盾片处有1对棕色刚毛，翅芽达第3节腹节后缘，后足跗节末端达第4腹节后缘。老熟幼虫化蛹前需做土茧，长约22毫米，较扁，瓜子形。茧壁较薄，茧外粗糙，内壁光滑。

筛胸梳爪叩甲蛹背面

发生时期

在浙江省3~4年发生1代。以成虫及各龄幼虫越冬。每年出笋季节，即4月下旬到7月上旬是越冬成虫出土及活动期，成虫较少补充营养，偶取食竹叶和竹笋箨。5月上、中旬成虫交尾产卵，卵约20天孵化。小幼虫在竹鞭笋上取食，有时也取食草根、竹根，甚至地下植物腐殖质。以稻壳覆盖催笋的早竹林幼虫活动早，一般2月底、3月上旬越冬幼虫开始活动，取食早竹竹笋，4月上旬是幼虫活动最旺盛的季节，取食竹笋较猛，造成竹笋损失最大。7月底、8月上旬，老熟幼虫结土茧，在茧中蜕皮化蛹。蛹经25天羽化成虫并在土茧内越冬。其他幼虫取食至11月，然后潜入较深的土层越冬。

防治方法

(1) 保护天敌：成虫在竹上由杜鹃捕食，幼虫由双齿多刺蚁、日本黑褐蚁捕食。用药防治需谨慎，注意天敌的保护。

(2) 灯光诱杀：成虫趋光性颇强，可以用黑光灯诱杀。

(3) 药剂防治：早竹园挖笋后，在翻土施肥时，将“菌虫净地虎”(山东富先达农药有限公司生产)拌入肥中施入地下，用量为每亩800克。此药遇强光易分解，施肥后应立即覆盖好土壤。

3. 竹笋长足象

俗名笋横锥大象，学名为 *Cyrtotrachelus buqueti* Guerin-Meneville。属鞘翅目象甲科。分布于我国南方丛生竹产区。危害丛生竹中茎粗在 2 厘米以上的竹种。初孵幼虫在笋中向上取食,3 天左右幼虫开始斜行向上取食，快到达笋箨时又横行再斜行向上取食，蛀食路线成“Z”字形,一直取食到笋梢,然后再转身向下取食,可将竹笋上半段笋肉吃光。幼虫食量大,被害竹笋在高 80~90 厘米时就干枯,大多不能成竹而枯死,能成竹者也多断头、折梢,竹材利用率下降。

竹笋象甲

危害竹笋的象甲科昆虫有 10 余种，以前在南方地区统称竹大象，在浙江、江苏省一带统称竹笋象,均属不同的种。现根据危害的严重程度,分别介绍丛生竹上两种(竹笋长足象和竹笋大象虫)、散生竹上两种(一字竹笋象和竹笋三星象)。

竹笋长足象成虫

识别要点

成虫 雌虫体长 25.5~36.8 毫米,雄虫体长 26.5~41.2 毫米，体呈橙黄色或黑褐色,也有全黑色个体。头半球形,触角膝状。管状喙从头部前方伸出，雌虫喙长 9.5~15.5 毫米,略光滑;雄虫喙长 8.5~12.5 毫米,背面有 1 个明显的凹槽,凹槽两边有齿状突起,前胸背板成圆形隆起,后缘正中有 1 个形状稳定的大黑斑,顶端呈箭头状。鞘翅呈黄色或黑褐色,臀角处有一突出齿,两翅合并后呈 90°的凹陷。雌虫前足腿节长于或等于胫节,胫节内侧棕色毛短而疏;雄虫前足长大,腿节短于胫节,胫节下方棕色毛密而长。

卵 长柱形,两端较圆,长径 4.0~5.2 毫米,初产呈乳白色,有光泽。

幼虫 初孵幼虫体长 4.5~5.5 毫米，全体呈乳白色，取食后渐为乳黄

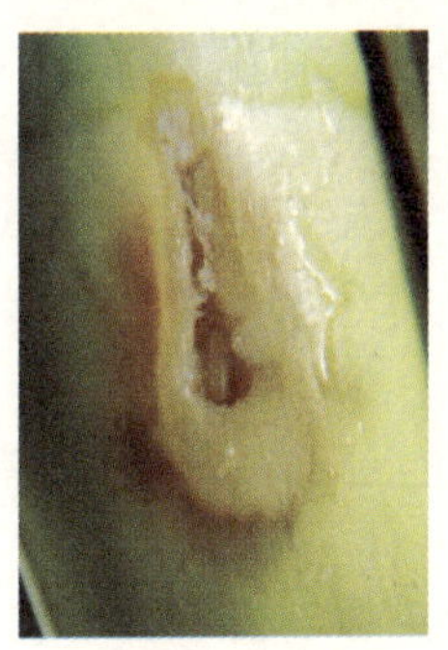

竹笋长足象卵

竹笋长足象幼虫头壳斑纹

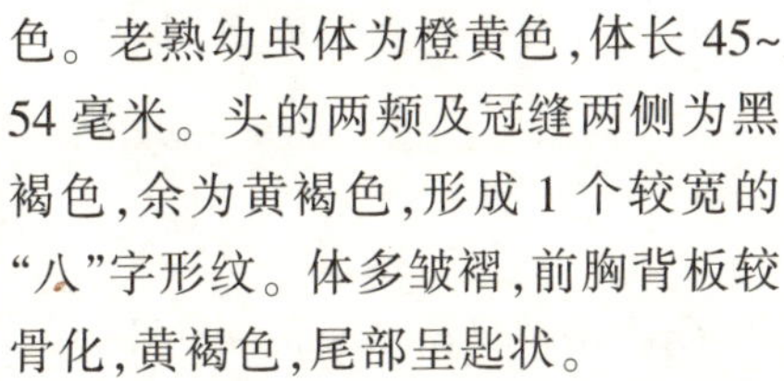

色。老熟幼虫体为橙黄色，体长 45~54 毫米。头的两颊及冠缝两侧为黑褐色，余为黄褐色，形成 1 个较宽的“八”字形纹。体多皱褶，前胸背板较骨化，黄褐色，尾部呈匙状。

蛹 体长 32~50 毫米，初化蛹乳白色，后渐变为橙黄色。头顶突出。前胸背板隆起，中胸背板呈倒三角形，后胸在三角形尖的两侧有一倒“八”字形纹。土茧长椭圆形或长肾状形，外径长 55~70 毫米，以杂草纤维与泥以及幼虫分泌液筑成，很坚硬；外壁粗糙，内壁光滑。

竹笋长足象蛹背面

发生时期

一年发生 1 代。以成虫在土下蛹室中越冬。在广东省成虫 6 月中旬开始出土，8 月中、下旬为出土盛期，10 月上旬成虫终见。卵需经 3~4 天孵化，幼虫取食期为 6 月下旬至 10 月中旬，幼虫在竹笋中取食 12~16 天老熟，7 月中旬至 10 月下旬老熟幼虫入土，约经 10 天左右化蛹，7 月底、8 月上旬到 11 月上旬成虫羽化，再经 11~15 天羽化成虫越冬，在广西壮族自治区成虫出土期要迟 10~15 天。

防治方法

(1) 人工防治：成虫个体大，有假死性，有利于人工捕捉，捕捉到的成虫可以食用，炸、烩入餐，味道可口，据说可治小儿疳积。产卵穴明显，部位低，可以用利刀轻轻剥开笋箨，刺杀虫卵。

(2) 阻隔防治：成虫取食产卵时，笋高多在 1 米左右，用 40~50 厘米长的塑料筒袋罩住笋梢，可以防止成虫取食及产卵。

(3) 药剂防治：80%的敌敌畏乳油或 40%的乐果加 5 倍水，用毛笔蘸药液由上往下涂刷产卵孔，为避免重复，在药液中加少量的红染料。成虫羽化后，用背负式喷雾器对竹笋喷8%的绿色威雷触破式微胶囊剂 200 倍液，喷湿为止。

4. 竹笋大象虫

俗名竹大象、笋直锥大象，学名为 *Cyrtotrachelus thompsoni* Alonso-Zarazaga et Lyal。属鞘翅目象甲科。分布于我国浙江省以南丛生竹产区以及日本、菲律宾和其他东南亚国家。危害丛生竹中较细的竹笋种类。成虫在竹笋中进行补充营养和啄建卵穴，造成竹笋秆上很多虫孔；幼虫在笋内上下取食，笋梢发黄干枯，危害轻者造成成竹断梢，而大多被害竹笋不能生长而死亡。

竹笋大象虫成虫

识别要点

成虫 雌虫体长 20~32 毫米，雄虫体长 22~34 毫米，初羽化成虫体呈鲜黄色，出土后为橙黄色，其中有黄褐色和黑褐色个体。头呈黑色。触角膝状，着生于管状喙的后方月牙形沟中，喙从半球形的头部伸出，雌虫触角长 8.5~10.5 毫米，雄虫触角长 7.5~9.5 毫米。前胸背板后缘中央有 1 个或大或小、形状或圆或不规则形的黑斑。鞘翅外缘弧形，臀角钝圆、无尖刺，两翅合并时，中间略凹陷。前足腿节、胫节与中、后足等长。

卵 长柱形，两端较圆，长径3.0~4.1毫米，短径1.2~1.3毫米，初产呈乳白色，有光泽。产卵穴在笋箨外有明显的产卵孔，其纵向长约36毫米，孔穴边上下有被咬断的、竖立的笋箨纤维，以上方多而密。

竹笋大象虫卵孔外观

幼虫 初孵幼虫体长约4毫米，体呈乳白色，取食后体呈乳黄色，头壳呈淡黄褐色，体多皱褶，体节不明显。老熟幼虫体长38~48毫米，呈淡黄色。头呈黄褐色，沿冠缝外各有1条淡黄色的纵纹，呈不太宽的"八"字形。口器呈黑色，前胸背板骨化，前胸侧板及中胸、后胸背板、侧板均有深黄色的骨化区。体多皱褶，从腹部向上均能分清各个体节，每体节背面上有较多的小皱纵褶。尾部匙状，尾匙边骨化、呈黄色。

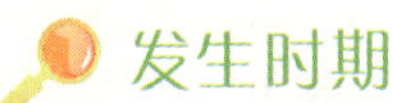

竹笋大象虫蛹背面

蛹 体长34~45毫米，初化蛹呈乳白色，后渐变为土黄色。头顶、管状喙上在触角基部位置各有棕色刚毛1对，中胸背板正中向下延伸小盾片达后胸节中。腹部各体节后缘呈皱褶式突起，正中有1列棕色齿状突起，每侧5枚，最外面1枚远离另4枚，齿突也大，暗色稍深。土茧长椭圆形或长肾状形，外径长53~67毫米，内径长38~55毫米，土茧壁较厚，以笋箨纤维与泥以及幼虫分泌液筑成，外壁粗糙，内壁光滑。

发生时期

一年发生1代，以成虫越冬。在浙江省温州市6月中、下旬，广东省广宁

县5月中、下旬，广西壮族自治区5月下旬，即在日平均气温达24~25℃时，越冬成虫开始出土；当日平均气温达27~28℃时，为成虫出土盛期。出土24小时后成虫飞行上笋、啄食笋肉为补充营养。卵经2~5天孵化，初孵幼虫向上取食，直到笋梢。约3龄再向下取食到产卵孔以下部位。幼虫共5龄。在浙江省幼虫26~29天老熟，在广东省幼虫12~15天老熟。老熟幼虫多于后半夜向上爬行至离竹笋顶梢13~20厘米处，将顶梢咬断，转回身向下行约7厘米处，再次将此段笋咬断，幼虫潜于笋梢内一起落地，竹农称此笋梢为“笋筒”或“笋尾”，笋筒长5.7~8.8厘米。也有幼虫第一次咬断笋梢时，幼虫随笋梢内一同落地，再咬断笋梢上半段弃之，幼虫仍潜在下半段笋筒中。在当天下半夜，幼虫背着笋筒在地面蠕动爬行，寻找适宜地点爬出笋筒，入土浅者仅12厘米，深者达55厘米，幼虫需数次返回地面入口处，拖来一些笋筒纤维，与土粘合筑成蛹室。幼虫经10~12天化蛹，再经12~15天羽化成虫越冬。

防治方法

参照“竹笋长足象”。

一字竹笋象成虫为害状

5. 一字竹笋象

俗名笋象虫、杭州竹象虫，学名为*Otidognathus davidis*(Fairmaire)。属鞘翅目象甲科。分布于我国竹产区各省份以及越南。危害刚竹属等6属60余种竹的竹笋。成虫、幼虫危害后竹秆节间缩短、凹陷，材质僵硬、断头、折梢，利用率下降；次年出笋减少，林相破碎，严重危害时，竹笋被害率高达95%以上。

识别要点

成虫　雌虫体长14.5~21.8毫米，雄虫体长12.4~19.6毫米。体为菱形，雌虫体呈淡黄色，雄虫体呈赤黄色。管状喙稍向下弯

曲，呈黑色，雌虫喙长 5.4~8.4 毫米，细长，表面光滑、发亮；雄虫喙长 4.4~7.5 毫米，粗短，有刺状突起。前胸背板隆起圆球形，正中有 1 个梭形黑斑，后缘弯曲成弓形。鞘翅正中各有黑斑 1 个，前缘近基部 1/3 处各有黑斑 1 个，肩角、外角、内角黑色。

一字竹笋象成虫食笋

卵 长椭圆形，稍弯曲，长径 3.1 毫米，短径 1.1 毫米；出笋小年成虫所产的卵个体要小 1/3。卵初产为玉白色，不透明，后渐变为乳白色，孵化前下半段透明。

一字竹笋象卵

一字竹笋象幼虫食笋

幼虫 初孵幼虫体长约 3 毫米，呈乳白色，体壁柔软。3 龄后体壁变硬，呈乳黄色。幼虫共 5 龄，老熟幼虫平均体长 21 毫米，呈黄色。头呈赤褐色。口器呈黑色，非常锐利。体多皱褶，气门不明显。

蛹 体长 16~22 毫米，初化蛹呈乳白色，渐变为淡黄色，前胸背板大。茧长 24~28 毫米，长椭圆形，外壁粗糙，茧壁厚，内壁光滑。老熟幼虫入土后不再返回地面拖杂草、笋箨纤维入土，掺于土茧中，但土茧仍然坚硬。

发生时期

在浙江省小径竹竹林中，一字竹笋象为一年发生1代；在有出笋大小年的毛竹林中，分出笋大年型与出笋小年型，均为两年发生1代。以成虫越冬。4月底、5月初越冬成虫出土，6月上、中旬林中成虫终见。5月上、中旬成虫交尾、产卵，卵经3~5天孵化，5月底、6月初幼虫老熟，经10~15天于6月中、下旬化蛹，7月羽化成虫越冬。在江苏省与广西壮族自治区分别推迟与提前15~20天。在浙江省奉化市一字竹笋象危害奉化水竹，奉化水竹出笋期在5~6月，故一字竹笋象成虫约5月中、下旬出土，其他各虫态均要相应推迟15~20天。

防治方法

(1) 人工捕捉：成虫有假死性，捕捉容易。在成虫取食、交尾时，均停息在竹笋上不动，用特制的捕虫网(参照"竹宽缘伊蝽")顺笋向上捕捉。

(2) 药剂防治：对矮小的竹林，5月初可喷洒2.5%溴氰菊酯2000倍液防治成虫；或在象虫成虫出土初期，用50%乙酰甲胺原液对毛竹笋进行注射，每笋1.5~2毫升。毛竹林在成虫虫口大时，可对竹笋喷8%的绿色威雷触破式微胶囊剂200倍液，喷湿为止。

竹笋三星象为害状

6. 竹笋三星象

学名为 *Otidognathus* sp.。属鞘翅目象甲科。分布于我国安徽、江苏、浙江、福建、湖南等省。危害刚竹属中茎干较细的竹种。成虫在竹笋上啄食笋肉，初孵幼虫在竹笋产卵穴中取食，不断将产卵穴扩大，危害成孔洞，幼虫亦在竹笋小枝上取食，严重危害致竹笋退死，一般竹笋能生长成节间缩短，竹材僵硬、断头、折梢的残次竹，次年竹林出笋减少。

识别要点

竹笋三星象成虫交尾状

成虫 雌虫体长16.5~22.6毫米，雄虫体长12.5~21.2毫米。体呈菱形，初羽化为乳白色，渐变为黄白色、淡鲜黄色。复眼大，呈黑色。管状喙雌虫长4.8~7.2毫米，雄虫喙长3.5~6.5毫米，与一字竹笋象比较，略粗短。触角膝状。前胸背板隆起圆球形，前缘有黑色边，正中有圆形黑点1个，两侧各有黑点1个，故名三星象；鞘翅前缘有黑点2个，后缘正中有黑点1个，布局成三角形，臀角处黑色。

卵 长柱形，长约3.5毫米，两端稍圆，乳白色，卵壳极薄，孵化前上端半透明。

竹笋三星象卵

幼虫 初孵幼虫体长2.8~3.4毫米，呈乳白色，透明，体壁很柔软。老熟幼虫平均体长21.5毫米，体呈黄白色，背线呈淡黄色。头呈黑褐色，口器呈黑色，非常锐利。前胸背有2块黑褐色硬皮板，体多皱褶。尾部匙状，端部微分为二。

竹笋三星象幼虫

蛹 体长16~22毫米，初化蛹呈乳白色，后渐变为白色、淡黄色，头紧挨于前胸下，前胸背板大，管状喙末端达中、后足间，翅芽达腹部第5节后缘。茧长24.5~28.5毫米，泥质，长椭圆形，茧壁较薄，内壁光滑。

发生时期

一年发生1代。以成虫越冬。由于危害的寄主出笋期不一,发生期差异很大。在浙江省余杭早竹林,一般于5月上、中旬成虫开始出土,5月中、下旬交尾、产卵,6月上、中旬幼虫老熟入土,经10余天化蛹,7月羽化成虫越冬。在浙江省莫干山被害竹笋出土时间比余杭区早竹林要迟一个月,7月2日仍见三星象成虫交尾,其他各虫态要迟1个月。

防治方法

参照"一字竹笋象"。

7. 笋绒茎蝇

竹根受害状(竹无长根)

学名为 *Chyliza bambusae* Yang et Wang。属双翅目茎蝇科。分布于我国南方竹产区。危害刚竹属中笋根较粗的竹种。初孵幼虫从被害竹笋嫩根的生长点侵入,取食竹笋嫩根,笋根停止生长,随后将笋根中髓蛀空,使可生长成80~150厘米长的笋根仅能生长到10~20厘米,笋根失去吸收水分、养分的能力,竹笋生长衰弱或死亡,被害竹笋生长成竹后竹秆的尖削度大,出材率低,竹根短,入土浅,失去牵引和支撑作用,竹子很容易倒伏,在浙江省遇到台风则倒伏更为厉害,损失惨重。

识别要点

成虫 雌虫体长6~7毫米,雄虫体长6~8毫米,翅长5~6毫米。头呈黄褐色,额陷入,额间有1个大黑斑,复眼大,3枚单眼较靠近,具单眼鬃。触角芒羽状。胸背面呈黄褐色,密布具微毛的刻点。小盾片有3对小盾鬃,末端1对较粗大。翅狭长,透明,顶端呈烟褐色,翅前缘在1/3处具1缺刻,并延伸

一折痕横贯翅面。足细长，呈淡黄色，具绒毛。腹部细长，呈黑褐色，具绒毛和刚毛。

笋绒茎蝇成虫

卵 长椭圆形，乳白色。长径 0.86~0.95 毫米。卵壳外有乳黄色的鞘，其长径为 0.90~0.98 毫米，一端有颈状突起，鞘表面有 10 余条隆起纵脊。

幼虫 幼虫 3 龄。初孵幼虫体长 0.75~0.90 毫米，老熟幼虫体长 8.5~11.5 毫米。口钩呈黑色。体 12 节，前胸背板有 1 对骨片，半月形，浅黑色，下方为羽状气门。背面从中、后胸节节间至第 4、第 5 腹节节间，腹面后胸与第 1 腹节节间至第 5、第 6 腹节节间，每节有棕黑色刺突，排列方式与排列数不一，末节末端有"山"字形棕色斑。尾端截面呈黑色；尾气门呈羊角形翘起，黑色。

笋绒茎蝇幼虫在笋根中取食

蛹 体长 6.2~7.5 毫米，初化蛹呈乳白色，越冬前为乳黄色，头顶有囊状突起。蛹壳长圆筒形。长径 6.45~8.0 毫米，呈浅棕色至红棕色；前端倾斜、截形、凹陷，黑色，有 5~6 个褶迹。蛹壳外可见 10 个斜向节纹，可见幼虫节间突起痕迹。末端有黑色羊角形突起。蛹化于笋根中前端向下。

发生时期

在浙江省一年发生 1 代，以蛹在被蛀食空的笋(竹)根中越冬。在大小年出笋分明的竹林中，少数蛹滞育 1 年，为两年发生 1 代。次年 3 月下旬、4 月上旬，即日平均气温达 12℃以上时，成虫开始羽化，雄成虫比雌成虫早羽

化2天；日平均气温达15℃以上时，出现羽化高峰，4月底成虫终见，4月中旬成虫交尾产卵，卵经4~10天孵化，幼虫4月中旬至5月下旬危害。幼虫经18~25天老熟，在被蛀食笋根蛀道中化蛹，5月底幼虫终见。

防治方法

(1) 加强竹林管理：在竹笋出土后，在笋根四周加盖泥土，封密裂缝，阻止成虫入土产卵。

(2) 保护天敌：竹笋绒茎蝇成虫羽化出土时或在笋根产卵时，常被双齿多刺蚁等蚂蚁捕食，在竹上被斜纹猫蛛捕食。寄生性天敌有蝇茧蜂、锤角细蜂，对抑制笋绒茎蝇虫口密度起重要作用。

(3) 药剂防治：针对危害特别严重的竹林，4月中旬，日平均气温在15℃以上，成虫羽化高峰时，喷用80%的敌百虫1000倍液，效果很好。

竹笋被害状

8. 毛笋泉蝇

俗名笋苍蝇，学名为 *Pegomya phyllostachys* Fan。属双翅目花蝇科。分布于我国南方竹区。危害刚竹属中各竹种生长较衰弱的竹笋。以毛竹为例，初孵化幼虫沿笋箨内壁下行取食，食迹两侧水渍状，行至笋箨着生节处蛀入笋中危害，使竹笋很快腐烂，被害竹笋大多死亡，失去食用价值。在初孵幼虫下行蛀食至笋箨着生节处时，竹笋生长若仍很旺盛，幼虫因不能蛀食笋肉而死亡。竹笋生长成竹后，在竹子下部竹节上留下幼虫蛀食痕迹。成虫产卵于竹径较细的竹笋或竹笋的小枝上，由于笋箨薄，初孵幼虫可以直接蛀入竹笋内危害，被害竹笋多死亡或仅小枝腐烂而死。

识别要点

成虫　成虫体长7~8毫米，呈灰色。额很狭，额间褐色至深褐色，额鬃列7~8枚。触角呈黑色。复眼呈暗红色，雌虫离眼式；雄虫复眼大，接眼式。

单眼呈棕黄色。胸部背面呈浅灰色,被粉,有暗色正中条,中鬃2行,仅沟前第2对和小盾片前1~2对较长大,余为毛状。翅透明,翅基微黄,平衡棒呈黄色。足呈黄色,足各跗节呈黑色。腹背呈灰色,被粉,有轮廓清晰的暗色正中条。

毛笋泉蝇成虫

卵 长柱形,长径1.75~2.00毫米,乳白色。卵无规则地块产,每卵块有卵50粒左右。

幼虫 初孵幼虫体长1.7~2.0毫米,呈乳白色;老熟幼虫体长8.0~11.5毫米,呈黄白色,略呈圆锥形,12节,第6~9节略粗。头尖,尾部呈截状;口钩呈黑色;前气门色略深,胸后至第7腹节前各节间略突起,以腹面明显,突起处分布斜向整齐的短刚毛,呈红褐色至褐色。腹末呈黑色,截面中间上方有气门1对,椭圆形,颇突出,有3对棕色气门裂,略呈长卵圆形,扇形排列。有7对乳状突起。

毛笋泉蝇产于红壳竹上的卵

毛笋泉蝇幼虫

蛹 体长4.2~5.3毫米,呈乳黄色,体短粗,复眼上方有1对突起,足跗节达尾末。蛹壳椭圆形,长径5.8~7.2毫米,短径2.5~3.0毫米;呈黑褐色;可见10节,各节有环状皱纹,头部有突起皱纹1对,尾部截形,气门及乳突位置、数目与幼虫一致。

发生时期

1~2 年发生 1 代。以蛹在土中越冬。在浙江省 3 月上、中旬成虫羽化,4 月上旬羽化终止,并留有 30%的蛹在土中滞育,越 2 个冬天,第 3 年羽化。3 月中旬成虫开始交尾,3 月下旬为交尾高峰期。3 月底、4 月上旬开始产卵,4 月中旬为产卵高峰期,卵产于两笋箨之间的上部。在相对湿度大时,卵经 3~5 天孵化。随着竹笋生长,内笋箨外壁的毛可将卵推出笋箨,当卵周围小环境相对湿度减小时,卵就不能孵化。幼虫在笋中取食 20 天左右老熟,于 4 月下旬、5 月上旬入土化蛹,与留在土中上代的蛹一起越冬。

防治方法

(1) 合理经营,维护竹林健康:该虫主要危害林中衰弱竹笋,及时挖除退笋,减少成虫产卵寄主,竹笋可以食用;对有虫笋亦挖掘运送下山,减少竹林中虫口密度,逐年减少虫害。

(2) 诱杀成虫:该虫成虫产卵前需补充营养,对腥臭物品、鲜笋汁液、新鲜土壤有特强的趋性,可以用这些物品加适量的敌百虫诱杀,效果明显。

9. 竹笋栉蝙蛾

学名为 *Bipecctilus zhejiangensis* Wang。属鳞翅目蝙蝠蛾科。分布于我国浙江、福建、江西等省。危害刚竹属中的主要竹种。冬季常见在已萌动的竹鞭侧芽(冬笋)中危害。近年来,浙江省早竹林危害日趋严重,小块被害较重的石竹林退笋率高达 45%,被害竹笋多生长至 25~40 厘米时退笋(即死亡)。以往在竹林中认为金针虫危害致死的竹笋,其中有很大一部分是竹笋栉蝠蛾危害。

识别要点

成虫 雌虫体长 14.2~18.7 毫米,雄虫体长 10.8~16.7 毫米。体呈浅棕色至棕灰色。触角呈黄褐色,双栉齿状。复眼呈漆黑色。胸部背板呈黄褐色,中胸前缘色深,正中色深似一横线,肩板披黄褐色长毛。腹部有棕色节间环。前足胫节有胫距,长约为胫节的 1/2。前翅前缘色浅,有灰黑色至褐色,亚端线

到外缘，浅灰棕色，中室位置鲜黄棕色，后翅浅褐色，鳞片较密，无斑纹。

卵 椭圆形，长径0.6~0.7毫米。初产呈乳白色，数小时后渐变为黑色。

竹笋栉蝠蛾成虫

幼虫 老熟幼虫体长39~50毫米，呈乳白色，圆筒形。头部呈浅黄色，前胸背板呈橘黄色，骨化强，中胸背板前缘、后缘为黄色斑，中、后胸各分2个小节。后胸节中第1~2腹节隆起，第8~9腹节稍上翘。腹部第1~8节分别分为3~5个小节不等，腹足趾钩为单序扁圆形。

竹笋栉蝠蛾幼虫

蛹 体长10.8~23.5毫米，长椭圆形，略向腹面弯曲。最宽处在腹部第4节，宽为5.5~8.6毫米。体呈鲜橙黄色，各节间色浅，略发白。头顶稍隆起。复眼横置，椭圆形。胸部背板光滑；腹部背面各节上、下缘有突起皱褶，上方皱褶突起更明显，并形成刺状齿式的横带，第8腹节下缘有较大片状突起一圈，约10枚，第9腹节有较大的乳状突1对，排列在肛门两侧上方。茧长36~47毫米，最宽处8.8~11.5毫米，在茧中部。茧呈乳白色或污白色，丝质细腻，韧性强，常附粘泥土。两端稍细，其中一端尖细，有稀疏的丝织开口，为羽化成虫的爬出通道。

竹笋栉蝠蛾蛹侧面

发生时期

在浙江省一年发生1代。以中小龄幼虫越冬,次年春在竹笋膨大生长时,幼虫开始取食,4月底至5月上旬幼虫老熟并在被害笋根际周围结茧,5月中、下旬化蛹,5月下旬、6月上旬羽化成虫，成虫羽化后于次日可以交尾、产卵。

防治方法

(1) 保护天敌：竹笋栉蝠蛾幼虫期在土下生活时间长,活动范围小,有利于拟青霉菌和寄蝇寄生,还有利于步甲捕食。这几种天敌常能控制该虫的虫口数量。竹林少用农药,保护天敌,可以抑制该虫的发生。

(2) 药剂防治：早竹园挖笋后,在翻土施肥时,将"菌虫净地虎"拌入肥中施入地下,用量为每亩800克,施肥后,立即覆盖好土壤,以免药剂遇强光分解。

竹笋夜蛾

危害竹笋的夜蛾有4种,原统称笋夜蛾。因昆虫分类研究工作的进展,发现4种夜蛾分别隶属4个属。因其习性相近,根据危害严重性，现介绍竹笋基夜蛾、竹笋秀夜蛾和竹笋禾夜蛾3种。

10. 竹笋基夜蛾

学名为 *Kumasia kumaso* (Suqi), 曾用名为淡竹笋夜蛾(*Apamea kumaso* Suqi)。属鳞翅目夜蛾科。分布于我国南方各产竹区以及日本等国。危害刚竹属各竹种、茶秆竹及禾本科、莎草科杂草。幼虫在竹笋中取食，被害笋蛀道中充满虫粪，被害严重的竹笋腐烂而死。

竹林受害状

识别要点

竹笋基夜蛾成虫

成虫 雌虫体长17.5~20.5毫米，雄虫体长15.5~18.5毫米。体呈淡黄褐色，触角丝状。复眼呈黑褐色。前毛簇、基毛簇及翅基片的毛长而厚。前翅浅褐色，缘毛波状，端线浅灰白色，内为1列三角形黑色小斑，亚端线波状，剑状纹深褐色；肾状纹浅褐色，纹内边为深褐色，纹外边为灰白色；环状纹椭圆形横置，有一明显的黑边；楔状纹明显置于环状纹下。后翅无斑，暗灰色。足灰褐色，跗节有淡棕色环。

卵 扁椭圆形，长径0.9~1.0毫米，初产呈乳白色，后渐变为淡黄色，孵化前为淡褐色，卵壳上无斑纹。

幼虫 初孵幼虫体长约1.5毫米，呈淡紫褐色。老熟幼虫体长34~48毫米，体呈淡灰紫色，头呈橘黄色，前胸背板为硬皮板，呈黑色。体光滑，有隐隐浅色背线，无其他线纹，前胸背板、臀板呈黄褐色，气门呈黑色。

竹笋基夜蛾卵

竹笋基夜蛾3龄幼虫

蛹 体长18~21毫米，呈红褐色，臀棘4根，中间2根略长。土茧以丝粘土筑成，较薄。

发生时期

一年发生1代。以卵越冬。在江苏省越冬卵于次年4月上、中旬孵化，在浙江省于3月底、4月上旬孵化，在广东省于2月中、下旬孵化。竹林中有杂草时，幼虫孵化后入杂草取食；早竹林中无杂草，幼虫孵化后入竹子叶芽中取食，竹林出笋后幼虫吐丝落地，爬入竹笋取食。幼虫在笋中取食20~30天后幼虫老熟，于5月上、中旬化蛹，5月下旬羽化成虫，6月上旬产卵。竹笋基夜蛾卵均产于杂草枯叶缘上，早竹无杂草，故现产于竹子叶箨边缘上。

防治方法

(1) 加强竹林管理，促进竹笋生长健壮：竹笋基夜蛾成虫多产卵于杂草上越冬，初孵幼虫均侵入杂草为食，待竹笋出土后转移到竹笋上危害。竹林中有无禾本科、莎草科杂草是危害轻重的关键。竹林抚育、减少林间杂草，是控制该虫的一项重要措施。

(2) 退笋下山：正常生产的竹林均有一定数量的竹笋不能成竹，称之为退笋。退笋一般小、弱，人们大多不管它，却成了害虫的食粮。故退笋、有虫笋一定要挖除下山，可食用，不能食用者可沤肥，这样能减少林间虫口数量，减轻下一年竹笋被害程度。

(3) 灯光诱杀：竹笋基夜蛾成虫多有趋光性，5~6月可安装黑光灯诱杀成虫，效果明显。

(4) 药剂防治：严重危害的竹林，初出笋时，可喷用80%的敌敌畏乳油1000倍液或者2.5%的溴氰菊酯3000倍液，均有良好的效果。

(5) 早竹林防治：早竹林主要经营竹笋，竹笋基夜蛾危害已不严重，但危害留作母竹的竹笋，使竹笋不能生长成母竹，而现在早竹林大母竹太老，会影响竹林发笋。4月初可以用背负喷雾器对留作母竹的竹笋喷8%的绿色威雷触破式微胶囊剂200倍液，喷湿为止，可保证母竹留笋不被害。

11. 竹笋秀夜蛾

俗名笋秀禾夜蛾，学名为*Apamea apameoides*(Draudt)。属鳞翅目夜蛾科。分布于我国河南省以南竹产区以及日本。危害刚竹属各竹种的笋，禾本

科、莎草科杂草。竹笋出土后,幼虫转移到竹笋上危害。被害竹笋多死亡,成竹者,多为虫孔累累,烂头断梢,积水心腐,材质硬脆。

竹笋秀夜蛾展翅成虫

识别要点

成虫 雌虫体长 14~20 毫米,雄虫体长 11~16 毫米。体呈褐色,复眼雌虫呈黑褐色,雄虫呈浅褐色。触角丝状,呈灰黄色。前胸翅基片上鳞片厚而长,前翅呈紫褐色,缘毛整齐,略有缺刻;肾状纹呈黄白色,雄虫比雌虫更明显,外线、内线为黑色双纹波状;亚端线、环状纹为浅黄色,不甚明显。后翅呈灰黑色,翅基色浅。

卵 扁圆形,长径 0.66~0.74 毫米,高 0.46~0.54 毫米,顶端略凹陷,从凹陷中心至底部均匀发出较密的网纹。初产呈乳白色,后渐变为淡黄色。卵以条状整齐地产于禾本科等杂草近枯的叶边。成虫产卵后,杂草叶纵向卷起,正好将卵整条地包裹起来。

竹笋秀夜蛾卵

竹笋秀夜蛾幼虫

幼虫 初孵幼虫体长约 1.5 毫米,呈淡棕黄色,疏生白色刚毛。老熟幼虫体长 26~40 毫米,呈淡紫褐色或紫灰色。头呈橙红色。背线很细,亚背线

较粗，均为污白色；亚背线有多处中断，并有多处上下突出部分。前胸背盾板及臀板漆黑色，常被白色背线从正中分开为二或不分开，臀板前方有6块黑斑，中间2块较大。

蛹 体长11~21毫米，雌蛹较大。体呈红褐色，臀棘4根，中间2根略粗长。茧以丝粘土筑成。

竹笋秀夜蛾蛹

发生时期

一年发生1代。以卵越冬。在河南省光山县2月初越冬卵开始孵化，3月底孵化结束，4月上旬到5月中旬蛀入笋中取食，5月中旬到6月中旬幼虫老熟，成虫6月上旬开始羽化，7月上旬结束。在浙江省越冬卵于2月初开始孵化，3月上、中旬为孵化盛期，3月底、4月初孵化结束。孵化后幼虫钻入杂草中取食；4月中旬到5月初转入竹笋中危害，5月中、下旬幼虫老熟结茧化蛹，6月上旬出现成虫，成虫延至7月上旬，产卵越冬。

防治方法

参照“竹笋基夜蛾”。

12. 竹笋禾夜蛾

俗名笋蛀虫、竹笋夜蛾，学名为*Oligia vulgaris*(Buter)。属鳞翅目夜蛾科。分布于我国竹产区。危害刚竹属中主要竹种的笋、禾本科杂草。幼虫危害造成大量退笋，能生长成竹，但会出现节间缩短、断头、折梢、积水、心腐、材脆等现象。

识别要点

成虫 雌虫体长17~25毫米，雄虫体长15~22毫米。体呈灰褐色，雌虫体色较浅。复眼呈黑褐色。触角丝状，呈灰黄色。翅呈褐色，缘毛锯齿状；端线呈黑色，内有1列约7~8个小黑点；肾状纹呈淡黄色，其外缘有1条白纹，

与前缘、亚端线在翅顶角处组成1个倒三角形深褐色斑，顶角呈黄白色；翅基呈深褐色，环线明显，后翅色浅。雄虫翅呈灰白色，端线由7~8个黑点组成，顶角处倒三角形斑浅褐色，后翅呈灰褐色，翅基色浅。足呈深灰色，跗节各节末端有1个淡黄色斑。

竹笋禾夜蛾成虫

卵　近圆球形，长径0.72~0.88毫米，短径0.65~0.81毫米，呈乳白色。

幼虫　初孵幼虫体长1.6毫米，淡紫褐色；老熟幼虫体长36~50毫米。头呈橙红色。背线、亚背线均为白色；背线很细、清晰，亚背线较宽，从前胸到尾部很整齐，无凹陷，唯第2腹节前半段断缺。前胸背盾板、臀板呈漆黑色，被橙红色的背线从正中分开为二，第9腹节背面、臀板前方有6块小黑斑，在背线两侧呈三角形排列，近背线的2块较大。

竹笋禾夜蛾老熟幼虫

竹笋禾夜蛾蛹及土茧

蛹　体长14~24毫米，初化蛹呈翠绿色，后渐变为红褐色，臀棘4根，中间2根粗长。茧为幼虫吐丝粘土筑成。

发生时期

一年发生1代。以卵越冬。在浙江省6月上、中旬成虫羽化，成虫羽化

后当日可以交尾，隔日可以产卵。卵多数呈条状产于禾本科杂草叶上，产后草叶会卷起，将卵包裹于叶中；也有产于林中枯竹上、地面、竹下部竹叶基部。次年 1~2 月幼虫即可出卵，爬于杂草茎中取食，4 月上、中旬各种竹笋先后出土，幼虫随即出草，钻入竹笋中危害，幼虫食笋期为 4 月上旬至 5 月下旬。5 月中旬幼虫老熟化蛹，6 月初化蛹结束。

防治方法

参照“竹笋基夜蛾”。

（二）竹叶害虫

取食竹子叶部的昆虫种类最多，占危害竹子昆虫总数的 60%以上，分别隶属 9 目 40 多个科 600 余种。竹叶害虫以刺吸式口器为多，其中同翅目昆虫有 17 科近 300 种，半翅目昆虫有 7 科近 100 种，近 400 种刺吸式口器的害虫约有1/2 取食竹叶，除少数种类外，一般危害大多不重。其次是咀嚼式口器的昆虫，其中鳞翅目有 18 科近 200 种，如竹螟、竹斑蛾、竹舟蛾、竹毒蛾，直翅目中如蝗科、鞘翅目中如叶甲科等，很多重要害虫均属于此。取食竹叶的方式有刺吸式口器和咀嚼式口器，咀嚼式口器可分为裸露与荫蔽两类。裸露危害的有竹蝗、叶甲、叶蜂、鳞翅目各科昆虫的幼虫。荫蔽危害的昆虫又分卷叶和潜叶两类，卷叶、吐丝缀叶包裹虫体的有蓟马、卷叶甲、螟蛾、弄蝶等。潜叶荫蔽虫体的昆虫有潜蝇、潜蛾、尖蛾、潜叶吉丁的幼虫以及潜入未展开的嫩竹叶、叶柄的白钩雕蛾、黄潜蝇等。

常见竹林受害状

1. 黄脊竹蝗

俗名竹蝗、蝗，学名为 *Ceracris kiangsu* Tsai。属直翅目丝角蝗科。分布于我国南方竹产区。危害以毛竹为主的刚竹属中各主要竹种、以青皮竹为主的箣竹属中各主要竹种以及玉米、水稻、白茅、棕榈等农作物、杂草近百种。成虫、若虫分散或群聚均取食竹叶。常见连绵数十里，竹叶被吃光，竹秆内积水而死。

识别要点

成虫　雄虫体长 27.5~36.2 毫米，雌虫体长 29.8~41.4 毫米，体以绿色、黄色为主。额顶突出，使面额成三角形，由额顶至前胸背板中央有一黄色纵线，往后逐渐加宽称为黄脊。翅长过腹。

黄脊竹蝗成虫交尾状

卵　长卵圆形，长 6.2~8.5 毫米，一端稍尖，中间稍弯曲。卵囊圆袋形，下端稍粗，呈土褐色。

若虫　若虫称跳蝻，初孵若虫体长 9.5~11.0 毫米。若虫 5 龄，老熟若

黄脊竹蝗卵及卵囊

黄脊竹蝗群集的 1 龄若虫

虫体长28.5~30.8毫米。初孵为淡黄色，后渐变为绿、黄、褐色相间的麻色，触角尖端淡黄色。3~5龄体色多黄黑，体背中线黄色鲜明，背中线下为一黑色纵纹，再下仍为黄色，老龄若虫近羽化前体为翠绿色。2龄翅芽隐约可见，向后突出。3龄为前翅芽狭长，后翅芽三角形，紫黑色。4龄长约3毫米，前缘略显黄色，伸至腹部第2节末。5龄长约9毫米，前缘黄色，伸至腹部第3节末。

发生时期

一年发生1代。以卵在土表1~2厘米深的卵囊中越冬。在杭州市余杭区5月下旬到6月上旬，湖南省耒阳市5月上、中旬，广东省广宁县4月中旬越冬卵开始孵化。在杭州市余杭区各龄若虫平均所需天数雄虫分别为：8.8、10.2、11.2、9.8、11.2天，雌虫分别为：9.8、11.2、11.8、10.2、12.6天；雄虫若虫期51.2~56.0天，平均51.2天，雌虫若虫期55.6~57.2天，平均55.6天。若虫期在耒阳市46~69天，平均52天；在广宁县平均47天。在杭州市余杭区7月下旬、耒阳市7月上旬、广宁县6月中旬成虫开始羽化，半个月后为羽化盛期。成虫羽化后10天左右开始交尾，交尾后仍需要取食20天开始产卵，8月中旬为产卵盛期，产卵期可延至11月。

防治方法

(1) 保护天敌：黄脊竹蝗的天敌较多。捕食性天敌卵期有红头芫菁；成虫、若虫期有双齿多刺蚁，蜘蛛多种，捕食性昆虫有食虫虻、螽斯、螳螂，捕食鸟有近10种。寄生性天敌卵期有黑卵蜂，成虫、若虫期有寄蝇及格氏线虫。寄生菌有蝗单枝虫霉(即抱死瘟病原菌)等。所以，用药要特别慎重。

(2) 人工挖卵：上代竹蝗发生后，于林间坐北向南、土壤疏松的空地或路边，发现有成虫肢体处，为竹蝗产卵地，在清明前挖掘卵块烧毁。

(3) 消灭初孵若虫：初孵若虫不大活动，在产卵地植被上停息，即时用2.5%的溴氰菊酯3000倍液或80%的敌敌畏乳油2000倍液喷杀，效果显著。

(3) 人尿诱杀：在竹蝗成虫出现时，用5千克人尿加80%的敌敌畏乳油50克，防治有竹蝗竹林2~3亩，效果显著。

2. 竹显尾短肛棒䗛

俗名竹节虫、黑尾短棒，学名为 *Baculum apicalis* Chen et He。属竹节虫目䗛科。分布于我国浙江省。危害刚竹属各竹种。成虫、若虫取食竹叶。

识别要点

成虫　雌虫体长 81~92 毫米，头部长约 4.4 毫米，前、中、后胸背板长分别为 2.4~3.1、17.5~19.2、14.5~15.1 毫米，腹部长 48.3~50.2 毫米。体青绿色到黄褐色，将死之前全为褐色，密被均匀细颗粒和疏毛。头卵圆形，长于前胸。复眼小，圆形，突出，呈灰褐色。触角长 8.2~9.8 毫米，基节长卵圆形、宽扁，有边和中脊，第 2 节扁，很短，余为丝状。前胸背板长方形，长大于宽，前缘有卷边，呈弧形凹入，中央有一横沟，前胸后部、中胸前部略宽；中、后胸两侧略平行，侧板呈脊状，使两侧形成凹槽。腹部第 2~5 节等长，第 1、第 6 节等长，略短。前足腿节基部弯曲内陷，凹陷处占全长的 1/6，正好将头包住，其余部分外侧有细齿 14~15 枚。第 9 背板稍长于第 8 背板，背中脊明显。肛上板端尖，超过第 9 背板侧叶。

竹显尾短肛棒䗛成虫的头部和腹部末端

卵　长 2.5~3.2 毫米，呈深黑色，卵壳上有纵深沟纹。

若虫　初孵若虫体长 3 毫米，呈翠绿色；老熟若虫体长 65~76 毫米。头卵圆形，长于前胸。复眼小，圆形，突起，橙黄色。触角长 7.5~8.2 毫米，基节长卵圆形、宽扁。前胸背板长方形，长大于宽。前足腿节基部弯曲内陷，停息时两前足与触角并起前伸。

竹显尾短肛棒䗛卵

竹显尾短肛棒䗛4龄若虫

发生时期

在杭州市余杭区一年发生1代。以卵越冬。越冬卵4月中旬开始孵化，初孵幼虫取食竹子嫩叶，9月幼虫老熟，开始羽化成虫，10月下旬产卵，11月下旬到12月上旬成虫逐渐死亡。

防治方法

(1) 加强竹林管理，保持竹林通风透光：该虫小若虫多在竹林下层小竹上活动、取食，老熟前才上大竹，竹林抚育中，砍除林下小竹，使该虫小时无食物和活动场所。

(2) 保护天敌：该虫成、若虫较迟钝，少活动，天敌有捕食性天敌，如日本弓背蚁、螳螂、猎蝽、蜘蛛及鸟类多种，均能捕食成虫、若虫，少用药，天敌基本可以控制该虫维持低虫口，很少大发生。

大青叶蝉为害状

3. 大青叶蝉

学名为 *Tettigoniella viridis* (Linnaeus)。属同翅目叶蝉科。分布于我国各地，日本、朝鲜、马来西亚、印度、加拿大等国及欧洲地区均有分布。危

害所有竹叶、农作物、蔬菜、果树、花卉及绿化树种。成虫、若虫在竹叶上吸取汁液，造成竹叶满布枯白斑点，一般影响光合作用，严重者造成竹叶早落和次年出笋减少。

识别要点

成虫 雄虫体、翅长 7.2~8.3 毫米，头宽 2.3~2.5 毫米；雌虫体、翅长 9.4~10.1 毫米，头宽 2.4~2.7 毫米。头部两颊微青，颜面淡褐色，颊区近唇基缝处左右各有小黑斑 1 个，在两单眼之间上前方有黑斑 1 对，复眼绿色。前胸背板淡黄绿色，后半部深青绿色，小盾片上有一短横刻痕，前翅绿色兼有青蓝光泽，前缘呈淡白色，翅脉呈青黄色，具狭窄淡黑色边缘，端部透明；后翅呈烟黑色，半透明。胸、腹部腹面、足呈橙黄色。

大青叶蝉成虫

大青叶蝉卵

卵 长卵圆形，中间稍弯曲，一端稍细，长径约 1.6 毫米，短径约 0.4 毫米。呈乳白色，略黄，卵壳光滑。

若虫 初孵化呈乳黄色带绿。头大腹细，复眼呈红色。老熟若虫体长 6.5~7.3 毫米，呈淡黄绿色。头冠部有 1 对黑斑，胸、腹背部及两侧有 4 条褐色纵条纹直到腹末，腹部向末端尖细。

发生时期

各地一年发生代数不一：在新疆维吾尔自治区、内蒙古自治区一年发生 1~2 代，华北地区一年发生 3 代，华南地区一年发生 6 代，浙江省一年发生 5 代。以卵越冬。3 月下旬孵化若虫活动取食，以后各代所需要的时间不一，一般卵需经 9~15 天孵化，若虫生活 24~44 天后羽化成虫。8~9 月成虫、若虫危

害竹子较严重。到11月均可见到该虫的活动,11月下旬产卵越冬。

防治方法

(1) 保护天敌：成虫、若虫由食蚜蝇,多种瓢虫、褐蛉、大草蛉及多种步甲等天敌捕食,若虫有1种寄生蜂。少用药剂,保护天敌,对抑制大青叶蝉起重要作用。

(2) 加强竹林管理，促进竹子生长健壮：竹林竹子生长好,保持合理的密度,可以降低危害。

(3) 灯光诱杀：大青叶蝉成虫有强趋光性，特别是闷热天气，用黑光灯诱杀效果很好。

竹子蚜虫

在竹子上危害的蚜科害虫有30余种,危害竹笋、竹叶及竹子枝秆。以危害竹叶为多，常见危害的约有10种,现仅介绍竹黛蚜、竹纵斑蚜和竹梢凸唇斑蚜3种。

4. 竹黛蚜

俗名竹蚜、竹色蚜,学名为 *Melanaphis bambusae*(Fullaway)。属同翅目蚜科。分布于我国南方各竹区以及朝鲜、日本、马来西亚、印度尼西亚、美国(夏威夷)、埃及等国。危害刚竹属、苦竹属、箣竹属中的一些竹种。蚜在竹叶背面取食,被害嫩竹叶出现萎缩、褪绿、枯白。蚜虫分泌物排落于竹叶上滋生煤污病,特别是污染竹叶,影响光合作用,煤污结集较厚,竹叶会自然脱落或枯死。

识别要点

无翅孤(胎生)雌蚜　体长0.85~1.25毫米,卵圆形,体色变化大,有黑色、红褐色、土黄色或红色,被白色粉状蜡质物。头部光滑,中额瘤几乎不隆起,额瘤隆起外倾。喙短,黑色。复眼大,深褐色,具突起的眼瘤,无单眼。触角5节,近于体长,末节延长为基部长的4倍,足细长。

有翅孤(胎生)雌蚜　体长1.15~1.40毫米,卵圆形,褐绿色到黑色,被白粉。中额平顶,额瘤微显,喙短。复眼大,具复眼瘤,无单眼。触角6节,近于体长,黑色。前翅中脉2分叉,足细长。

竹黛蚜无翅孤雌蚜

竹黛蚜有翅孤雌蚜

发生时期

在杭州市余杭区一年发生18~21代。均以无翅孤雌蚜取食活动,仅知7~8月所发生的第10~13代及越冬代出现有翅孤雌蚜,以便迁徙繁殖。第1代蚜发生在3月中旬到5月中旬,幼蚜需经17~25天,平均为20.58天,脱皮4次成为无翅孤雌蚜,之后开始产子。无翅孤雌蚜的寿命为16~33天,平均为21.27天。其他各代幼蚜的生活期为8.2~15.3天,均脱皮4次,无翅孤雌蚜的寿命为5.2~33.4天,12月上、中旬无翅孤雌蚜后代分化出有翅孤雌蚜,并于12月中旬到次年1月下旬产子,到3月发育为无翅孤雌蚜,有翅孤雌蚜于1月下旬到2月上旬死亡,寿命50天。

防治方法

(1) 保护天敌：竹林几种蚜虫的天敌基本一样，仅在种类和密度上有差异。在调查中发现,有7种蜘蛛,9种瓢虫,多种食蚜蝇、蚜灰蝶、丽草蛉及中华草蛉捕食成、幼蚜,寄生性天敌有蚜茧蜂、蚜小蜂。如食蚜蝇在老熟前,1分钟能吃1条小蚜虫,5分钟吃1条大蚜虫,40分钟吃27条蚜虫。1972年临海有上万亩竹林发生蚜虫危害,作者被电报催邀去指导防治时,发现竹农防治的已是瓢虫。如果条件适宜,天敌能控制蚜虫的虫口密度,达到不造成损失的程度,因此竹林用药应特别慎重。

天敌蚜灰蝶成虫　　天敌蚜灰蝶蛹

(2) 药剂防治：在旱竹林虫口密度特别大时，在竹秆基部打孔，每株注射 50%的久效膦 5 倍液 1 毫升或 5%的吡虫啉乳油 2 倍液 1 毫升，或选用 40%的乐果乳油 2000 倍液或 20%的杀灭菊酯 2000 倍液，喷雾防治。

5. 竹纵斑蚜

学名为 *Takecallis arundinariae*(Essig)。属同翅目斑蚜科。分布于我国山东省以南各产竹区，朝鲜、日本等国及欧洲、北美洲地区均有分布。危害刚竹属各竹种，被害嫩竹叶出现萎缩、枯白，蚜虫分泌物粘落处滋生煤污病，特别是污染竹叶，影响光合作用。

识别要点

无翅孤雌蚜　体长 2.15~2.24 毫米，长卵圆形，呈淡黄色。头光滑，具较长的头状背刚毛 8 根，唇基有囊状隆起，喙短。复眼大，呈红色，具复眼疣，单眼 3 枚。触角呈灰白色，6 节，约为体长的 1.1 倍，触角疣不明显，中部疣发达。足细长，呈灰白色。

有翅孤雌蚜　体长 2.32~2.56 毫米，长卵圆形，淡黄至黄色。头光滑，具背刚毛 8 根，中额隆起，额瘤外倾。喙短粗，光滑。复眼大，有复眼疣，单眼 3 枚；触角细长，6 节，约为体长的 1.6 倍，灰白色。第 1~7 腹节背面各有纵斑 1 对，每对呈倒“八”字形排列，黑褐色。前翅长 3.42~3.74 毫米，中脉 2 分叉。足细长，灰白色。

竹纵斑蚜无翅孤雌蚜在竹叶背面取食

竹纵斑蚜有翅孤雌蚜在竹叶背面取食

发生时期

在杭州市余杭区一年发生18~20代。发生周期与竹黛蚜基本相似，唯一不同的是：6月中旬开始，该蚜在竹林中虫口密度下降，6月后气温较高时，竹林中该蚜的虫口密度极低，有时几乎找不到该蚜的踪迹，到9月后再次出现该蚜的活动。

防治方法

参照“竹黛蚜”。

6. 竹梢凸唇斑蚜

学名为 *Takecallis taiwanus*(Takecallis)。属同翅目斑蚜科。分布于我国山东省以南各产竹区，日本、新西兰等国及欧洲、北美洲地区均有分布。危害刚竹属各竹种，该蚜大多在初抽出的嫩叶上取食，被害竹叶久久不易展开，并逐渐萎缩，严重影响光合作用。

识别要点

无翅孤雌蚜 体长2.05~2.14毫米，长卵圆形，呈淡绿色或黄褐色。复眼大，呈红色，有复眼疣；单眼3枚。触角6节，呈黑色，短于体，为体长的0.65~0.75倍。

竹梢凸唇斑蚜在竹叶背面取食

有翅孤雌蚜 体长2.35~2.46毫米,长卵圆形,呈淡绿色或黄褐色。头部微突,光滑,具背刚毛8根。喙粗短。复眼大,呈红色,有复眼疣;单眼3枚。触角6节,呈黑色,短于体,为体长的0.7~0.8倍,触角疣不发达。足呈灰白色。前翅长2.15~2.24毫米,中脉2分叉,肘、臀脉分离。

发生时期

在杭州市余杭区一年发生20~23代。第1代发生期为3月下旬到5月上旬,幼蚜需经15~28天。各个世代历期要比竹黛蚜少5~20天;7~8月气温较高期间,竹梢凸唇斑蚜完成一代仅需15天。

防治方法

参照"竹黛蚜"。

7. 竹釉盾蚧

学名为*Unachionaspis bambusae*(Cockerell)。属同翅目盾蚧科。分布于我国安徽、江苏、浙江、福建、江西等省。危害刚竹属中的主要竹种。若虫、成虫在竹叶背面取食,被害竹叶在虫害处出现褐色斑,严重危害时斑点可连接成片,叶尖枯死,竹叶早落,影响竹子光合作用,次年出笋减少。

竹釉盾蚧小若虫为害状

识别要点

成虫 雄虫介壳长1.06~1.14毫米,长筒形,两侧边略平行,背面覆盖白色的蜡絮;虫体长0.65~0.73毫米,呈橘红色。触角淡黄色,10节,除基节外各节细长,被较长的刚毛。翅呈白色,透明,平衡棒呈淡黄色。雌虫介壳长为1.84~2.46毫米,梨形,呈白色,洁白光亮。若虫脱皮2次。雌虫介壳末端1、2龄皮蜕橘黄色明显可见;虫体长1.16~1.24毫米,宽0.77~0.83毫米,纺锤形,呈橘黄色;触角疣状,端部各生短刚毛1根。

竹釉盾蚧初孵若虫

竹釉盾蚧在竹叶背面取食

卵 椭圆形,长径0.15~0.19毫米,呈淡黄色,卵壳光滑。

若虫 初孵若虫体长0.19~0.24毫米,椭圆形,呈淡黄色。头前端有4根刚毛,眼突出,淡黄色。触角5节。体侧有刚毛12根,尾须2根。

雄蛹 长0.58~0.63毫米,呈浅橘红色。交尾器端部钝。

发生时期

在浙江省一年发生3代。以交尾后雌成虫越冬。次年4月上、中旬开始活动,4月中、下旬开始孕卵,5月上、中旬为盛卵期,5月中、下旬卵孵化为若虫,5月下旬到6月初为若虫活动盛期,6月中旬成虫开始羽化。雄成虫羽化比雌虫迟4~6天,6月中旬末、下旬初为羽化高峰;第2代发生期为6月底到7月底、8月上旬;第3代为8月下旬到9月底、10月上旬。雌成虫11月中、下旬越冬。

防治方法

(1) 保护天敌：该蚧虫成虫、若虫均固定在竹叶背面，被多种瓢虫、草蛉捕食，若虫有 2 种蚧小蜂寄生。竹林应尽量少用药剂，保护天敌，对抑制蚧虫起重要作用。

(2) 加强竹林管理，促进竹子生长健壮：竹林竹子生长好，保持合理的密度，可以减少危害。

(3) 药剂防治：危害特别严重的竹林，可在第 3 代发生时(即 9 月)，在竹子基部注射 50%的乙酰甲胺原液，每竹注射量为 1 毫升。

8. 膨胸卷叶甲

学名为 *Leptispa godwini* Baly。属鞘翅目铁甲科。分布于我国南方各竹子产区。危害箣竹族中的一些种类等。幼虫在竹叶一边 2/3 处，从竹叶基部剥食竹叶直到叶尖，仅留叶脉及下表皮，使竹叶成半边枯死而卷起，将幼虫包裹其中，继续危害。严重危害使竹叶出现一片枯白，严重影响竹子的光合作用，作为道路、庭院、公园四周绿化的孝顺竹，更影响环境美化作用。

识别要点

成虫　雄虫体长 5.25~5.80 毫米，雌虫体长 5.68~6.65 毫米。体呈漆黑色，有光泽。头顶、颊区有刻点，额区略凹陷。复眼小，突出，着生头前触角上方。触角棒状，12 节，均为黑色。前胸呈黑色，背板颇似叩甲成虫前胸背板，有刻点，后缘有尖角。鞘翅呈黑色，上有小刻点组成的 10 列纵线，外缘较密，后缘翅尖处有合并，后翅呈肉黄色。胸部腹面呈黑色，有刻点，腹部呈肉黄色。足呈黑色，肉垫淡黄色。

膨胸卷叶甲成虫

卵　长卵圆形，长径 1.0~1.2 毫米，青白色。卵壳光滑，半透明，有光泽。卵产于卷起的嫩竹叶内，与叶脉同向条产，2~4 条组成 1 卵块，每片竹叶内有卵 2~4 条、

6~18 粒。

幼虫　初孵幼虫体长 1.4 毫米，呈乳白色。老熟幼虫体长 5.3~6.4 毫米，呈黄白色。头呈深黄色，横置，宽 0.95 毫米，前端有棘 1 对，口器呈黑色。体扁圆形，胸部呈黄色，各节侧面略突出，中、后胸节间有 1 棘状突起。足呈乳头状，趾钩呈黑色。腹部呈淡黄色，第 1~8 腹节侧面中间各有 1 个较长的棘状突起，由前到后逐渐增大，也由前到后从横置到向后倾斜。

蛹　体长 5.4~6.5 毫米，体扁，呈黄褐色，前胸背板后缘有尖角。

膨胸卷叶甲卵

膨胸卷叶甲 5 龄幼虫

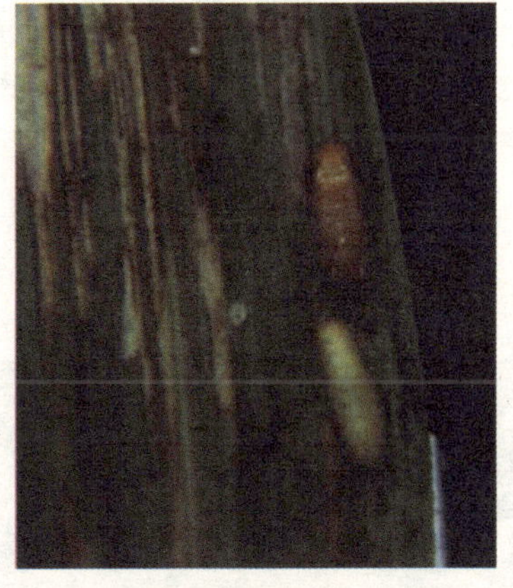

膨胸卷叶甲蛹

发生时期

在浙江省一年发生 1 代，偶见 2 代。以成虫在被害竹子的枯叶中落地越冬。次年竹子萌发新叶后，越冬成虫于 4 月上、中旬开始活动，卷食嫩叶。在浙江省衢州市成虫于 4 月中、下旬至 5 月上旬产卵，产卵后成虫死亡。卵经 7~10 天孵化，5 月上旬在卷曲的嫩叶中可见幼虫，6 月上、中旬卵终见。6

月中旬幼虫开始化蛹，6月下旬出现成虫羽化，并卷新叶进行补充营养直至越冬。2000年在富阳市发现其中部分早羽化的成虫于7月中旬产卵，8月出现幼虫，9月底至10月羽化成虫，成虫经补充营养后越冬。

防治方法

(1) 加强林地管理：被害多为道路、庭院、公园四周的绿化竹种，成虫多在竹下落叶下越冬，冬季清理竹丛中的老竹、地面落叶，并进行松土、培土消灭成虫，特别是对竹丛松土，再培土，这样不仅培育了竹子，而且次年成虫不能出土，蛰息而死。

(2) 药剂防治：被害竹种相对较矮，危害特别严重的竹丛可以喷用80%的敌敌畏乳油1000倍或10%的吡虫啉乳油1000倍液。

9. 两色绿刺蛾

俗名竹刺蛾，学名为*Latoia bicolor*(Walker)。属鳞翅目刺蛾科。分布于我国各竹产区以及斯里兰卡、印度、缅甸、印度尼西亚等国。危害刚竹属、箣竹属各竹种。以小幼虫啃剥食取竹叶下表皮，造成竹叶枯白，失去光合作用；4龄后幼虫取食全叶，取食量随虫龄增大而加大，可将竹子部分竹叶吃光，严重危害可造成竹子枯死。

两色绿刺蛾展翅成虫

识别要点

成虫　雄虫体长14~16毫米，雌虫体长13~19毫米。头顶、前胸背面呈绿色，腹部呈棕黄色。雌成虫触角丝状；雄虫触角栉齿状，末端2/5为丝状。复眼呈黑色。前翅呈绿色，前缘边缘、外缘、缘毛呈黄褐色。在亚外缘线、外横线上有2列棕褐色的小斑点，外横线上2个点较大，亚外缘线上有4~6个点较小，有时仅见到2~3个点，后翅呈棕黄色。

卵 扁椭圆形，长径约1.6毫米，短径1.3毫米，扁平，上覆盖透明的薄膜，初产淡黄色，渐变乳白色。卵块产，各卵粒间不相互覆盖，每卵块有卵10~24粒。

两色绿刺蛾卵

幼虫 初孵幼虫体长1.3毫米，呈乳白色。幼虫8龄，老熟幼虫体长26~33毫米，体宽5.5~7.5毫米。头呈黑色，一般隐于中胸下。体呈黄绿色，背线较宽，为青灰色。从后胸到第8腹节节间处各有1个半圆形的墨绿色斑，共9对，前后2对很小或隐约可见，均镶嵌入背线内。在亚背线与气门上线之间亦为青灰色，上方每节有半圆形的墨绿色斑1个，共8对，后胸1对隐约可见，第8腹节1对消失，也镶嵌于青灰色线中，与背线斑相对；两线之间为黄绿色，正中各生有刺瘤1个，共10个。气门线与气门上线之间各节有刺瘤1个，刺瘤上方有绿色波状纵线1条，气门下方有黄色纵线1条。中、后胸和第1、第7、第8腹节刺瘤上枝刺特别长；第8腹节后侧、第9腹节后缘各生黑色绒球状瘤状毛丛1对，每个瘤状毛丛下生有棕红色刺瘤1个。足特化为肉垫式的吸盘。

两色绿刺蛾6龄幼虫在竹叶背面取食

蛹 体长12~16毫米，初化蛹呈乳白色，后渐变为棕黄色。腹部气门可见3对，腹部背面各节上半段着生很多棕色小刺组成的宽带，腹末圆钝。茧长15~21毫米，双层，外层疏松，呈灰褐色，上端有1个圆形小孔。内层胶质，硬脆，呈棕色，上方较平，有盖，盖的上方在内外茧之间有一较大的空隙。

发生时期

在江苏省、浙江省一年发生1代，在广东省一年发生3代。以老熟幼虫于土下的茧中越冬。在浙江省，幼虫于5月上、中旬化蛹；成虫于5月下旬初见，成虫期颇长，约8月中、下旬终见。幼虫取食期为6月上旬至9月下旬，幼虫一生需42~53天老熟。在广东省，各代成虫出现期分别为4月中旬至5月下旬、6月下旬至7月下旬、9月上旬至10月上旬；幼虫取食期分别为4月下旬至6月中旬、7月上旬至8月下旬、9月上旬至11月上旬。

防治方法

(1) 保护天敌：捕食性天敌卵期有中华草蛉、丽草蛉，幼虫期有猎蝽，成虫期有蜘蛛。寄生性天敌有姬蜂1种、茧蜂2种、寄蝇1种及白僵菌等。1975年余姚近千亩竹林发生刺蛾危害，虽未防治，但由于天敌寄生率高，第2年虫情下降，没有再发生危害。

(2) 灯光诱杀：成虫有趋光性，可以用黑光灯诱杀。

(3) 人工灭杀：小幼虫群集在叶背剥食竹叶下表皮，留下枯白的上表皮，非常明显，将竹叶摘下放脚下踏死。幼虫常排成“一”字形长队在竹秆上爬行，见到后用鞋底踏死。

(4) 生物防治：毛竹林在虫情严重时，可用白僵菌粉炮消灭。

(5) 注意安全：该虫幼虫有毒刺，人体接触会红肿、疼痛，严重影响人们作业。人体被刺后，立即将刺蛾幼虫从腹部撕开，将内脏液体涂于伤害部位，可立即消肿止痛。

10. 竹斑蛾

学名为*Artona funeralis*(Butler)。属鳞翅目斑蛾科。分布于我国长江以南各竹区以及日本、朝鲜、印度等国。危害各竹种100余个。以幼虫取食竹叶，3龄前幼虫群聚于竹叶背面，啃食竹叶下表皮，使竹叶上表皮呈枯白状；4龄后幼虫逐渐分散，以小群体聚集于竹叶背面吃食全叶，幼虫吃食猛，虫口密度大时，能将成片竹林竹叶吃光。危害轻者影响竹子生长和出笋，危害重者造成竹子死亡。

识别要点

竹斑蛾成虫

成虫 雌虫体长9.5~11.5毫米，雄虫体长7.8~9.2毫米。体呈黑色，带青蓝色的光泽。雌成虫触角呈丝状，长约7.5毫米；雄成虫触角呈羽毛状。翅呈黑褐色，前翅狭长，后翅顶角较尖，基部及翅中半透明，缘毛呈黑褐色。前足胫节有1对端距，后足胫节有2对距，分别位于中部与端部。

卵 短柱形，两端略钝。长径0.65~0.78毫米，初产呈乳白色，有光泽，近孵化时为淡蓝色。卵块状，均匀地散产于竹叶背面，每卵块有卵25~150粒，每头雌虫一生产卵约400粒，多的达800粒。

幼虫 初孵幼虫体长0.8~1.0毫米。呈乳白色，体被长毛。1龄末期前胸背面显出2个棕色斑点，后胸以及腹部第1、第4、第8、第9节亦显有棕色斑纹。幼虫6龄，老熟幼虫体长12.0~18毫米。2龄幼虫在中胸以后各体节的亚背线、气门线上，均有毛瘤1个，每节4个，以中后胸和腹部第1、第2、第8、第9节毛瘤较大，色较深。亚背线上中胸及腹9节和气门线上的毛瘤具粗短刺及长毛，亚背线上其他各节毛瘤仅具粗短刺。以后各龄幼虫皆同，仅体色明显或更鲜艳。

竹斑蛾卵

竹斑蛾幼虫

蛹 体长 8.0~10.0 毫米，雄蛹较小。扁椭圆形，呈橙黄色，羽化前为蓝黑色，腹部各节背面前半端被刺状小突起，以第 3~7 腹节最为明显。臀棘约 10 余根。茧长 12~14 毫米，椭圆形或称瓜子形，呈棕褐色，革质，表面细密坚硬；底层软，膜质，表层一端或全部密被或散被白色绒毛。

发生时期

在浙江省一年发生 3 代，在广东省一年发生 5 代。以老熟幼虫在茧内越冬。在杭州市余杭区，越冬幼虫于 4 月中、下旬化蛹，4 月底、5 月上旬羽化成虫，5 月中旬成虫交尾并产卵，5 月下旬至 7 月上旬第 1 代幼虫危害，从 7 月下旬至 9 月上旬第 2 代幼虫危害，9 月中旬至 10 月下旬第 3 代幼虫危害，10 月底至 11 月上旬化蛹越冬。在广州市，越冬幼虫于 1~2 月化蛹，2 月中旬羽化成虫，各幼虫取食期分别为 3 月初至 5 月下旬、5 月中旬至 7 月上旬、6 月底至 8 月下旬、8 月中旬至 10 月下旬、10 月上旬至 12 月下旬。

防治方法

(1) 加强竹林管理：该虫是喜光性昆虫，因此应合理经营竹林，采伐量不能过大，应保持竹林生物多样化，不要除光林间小灌木杂草，给天敌留个适当的生活空间。该虫常以低虫口在林间发生。

(2) 保护天敌：捕食性天敌成虫有多种鸟类和多种蜘蛛，卵期有草蛉，卵与幼虫期有多种瓢虫，寄生性天敌卵期有赤眼蜂，幼虫期有姬蜂 6 种、小蜂 2 种、茧蜂 4 种、寄蝇 3 种及白僵菌等。2003 年 9 月杭州市余杭区百丈乡有 2000 余亩的毛竹林被第 3 代竹斑蛾严重危害，竹叶被吃大半。据调查，越冬预蛹被寄生 56%~82%，寄生天敌中岛洪狭额寄蝇占 12.34%、沟姬蜂占 14.27%、新拟秘姬蜂占 47.04%、白僵菌占 22.93%，以后几年该虫再没有大发生过，故竹林一定要慎用农药。

(3) 人工灭杀：竹斑蛾产卵部位较低，小幼虫群集在竹叶背面剥食竹叶下表皮，留下枯白的上表皮，非常明显，幼虫无毒，将竹叶摘下放脚下踏死。

(4) 生物防治：毛竹林在虫情严重时，可用白僵菌粉炮消灭。

(5) 药剂防治：偶尔大发生时，虫口密度特别大，可喷用 1.8%的阿维菌素乳油 4000 倍液。

11. 竹织叶野螟

竹螟

危害竹子的螟蛾科害虫有10多种，除竹黄大草螟危害竹秆外，均取食竹叶，而且是吐丝卷叶危害。现仅介绍竹织叶野螟、竹绒野螟、竹金黄镰翅野螟、竹云纹野螟和赭翅双叉端环野螟5种。

俗名竹螟、竹苞虫、竹卷叶虫，学名为*Algedonia coclesalis* Walker。属鳞翅目螟蛾科。分布于我国各竹产区，朝鲜、日本、印度、越南、泰国、缅甸、加里曼丹岛、爪哇岛等国家和地区也有分布。危害以刚竹为主的约百余种竹子。幼虫取食竹叶，幼虫4龄前常数条幼虫缀叶成苞，取食当年新竹幼嫩竹叶上表皮，造成竹子幼叶下表皮满布枯白斑，竹叶不能生长；5龄后幼虫已分散为1条幼虫缀数张新竹或老竹竹叶成苞，可以吃食全叶。严重危害时，竹上虫苞累累，遇天旱时造成大量落叶，竹子枯死。1976年在江苏、浙江、安徽三省毗邻地区暴发成灾，危害毛竹林、刚竹林面积约70余万亩，当时浙江省嘉兴市所属4个县被害枯死毛竹420万余株。

竹林受害状

识别要点

成虫 雄虫体长9~11毫米，雌虫体长10~14毫米，体呈黄色至黄褐色。复眼大，占头部大部分面积，呈草绿色，死后呈黑色。复眼与额面交界处银白色。触角丝状，呈黄色。前翅呈黄至深黄色，前缘呈褐色，端线与亚端线合并呈一褐色宽边，外线、中线与内线呈深褐色，外线下半线内倾与中线相接。后翅色浅。足纤细，呈银白色，仅外侧呈黄色。腹面呈银白色。

竹织叶野螟成虫

竹织叶野螟幼虫

卵 扁椭圆形，片状，长径0.84毫米，初产呈蜡黄色，逐渐成淡黄色，卵粒饱满。卵块呈鱼鳞状排列，卵粒相叠紧密，隆起甚高。

幼虫 初孵幼虫体长1.2毫米，呈青白色，前胸背板明显；老熟幼虫体长16~25毫米，体色有乳白色、浅绿色、墨绿色及黄褐色，还有乳白色、半透明。前胸背板有黑斑6块，中、后胸背面各有褐斑2块，被背线分开为二，分开距离略大；腹部背面各节有褐斑2块，被背线分割为四，气门前方上、下各有褐斑1块。幼虫分7龄、8龄两种。

竹织叶野螟土茧、蛹

蛹 体长12~14毫米，呈橙黄色。尾部突起，中间凹入分为两叉，臀棘8根，均分着生于两叉突起上，中间两根略长。茧椭圆形，长径14~16毫米，以丝粘细土筑成，外粘有土粒和小石粒，内壁光滑，呈灰白色。

发生时期

在浙江省一年发生1~4代。均以各代老熟幼虫于土茧中越冬。第1代成虫一定产卵于当年新竹幼嫩竹叶上，幼虫期危害最重；第2代次之；第3、第4代较轻。南方危害青皮竹等丛生竹，4个世代均很严重。在浙江省4代分布形式为：第1代幼虫于6月底、7月上旬老熟，各代成虫出现期分别为5月中、下旬到6月下旬、7月中旬到8月中旬、8月下旬到9月中旬和9月下旬到10月上旬；各代幼虫危害期分别为5月底到7月下旬、7月下旬到9月上旬、8月上旬到10月中旬和10月上旬到11月上旬。

防治方法

(1) 加强竹林管理，促进竹林健壮：保持竹林合理的密度，维护竹林

通光透风和生物多样化。不挖山,维持土壤少冲刷,挖竹兜,保持竹林土壤疏松,保留林缘树木杂灌,保存林内浅根杂草。每年捡拾成竹后的笋箨,供给作造纸纸浆用,还可以消灭在笋箨中越冬的竹云纹野螟、竹金黄镰翅野螟幼虫。

(2) 保护天敌:竹螟天敌很多,捕食性动物有鸟 10 余种,在地面捕食幼虫有蟾蜍,捕食成虫和幼龄幼虫的有10 种蜘蛛。捕食性昆虫有多种草蛉、盲蛇蛉,食虫蝇,多种蚁、螳螂、瓢虫,步甲、蝽、猎蝽;寄生性昆虫卵期有赤眼蜂、黑卵蜂,幼虫期有多种茧蜂,多种姬蜂,多种寄蝇。寄生菌有白僵菌、粉质拟青霉。在竹螟大发生时,也许一时抑制不了竹螟的危害,但在正常的生态环境下,绝对可以保持竹林中竹螟的低虫口密度。

(3) 灯光诱杀:几种竹螟均有强趋光性,竹织叶野螟大发生时,一盏 20 瓦黑光灯一晚可诱蛾近 8000 只(据介绍,在长兴一晚最多诱蛾达 8 万只),可以极大地降低林间竹螟虫口密度。

(4) 蜜源地灭蛾:竹螟成虫羽化后,需飞向蜜源地吸收花蜜为补充营养,否则不能产卵。蜜源植物很多,以栗、栎植物花为主,如板栗林是竹螟成虫最常见、最集中进行补充营养的中心。成虫进行补充营养时,可在栗林缘用黑光灯诱蛾,或放敌敌畏烟剂,或喷 2.5%的敌百虫粉,可杀死大量的竹螟成虫。竹螟成虫对敌敌畏有特殊的趋性,一次放烟有好几天诱杀效果。湖州有一次在栗林放烟剂,地面每平方米死蛾 100 多只,快速地降低了竹螟成虫返回竹林产卵的虫口。

(5) 药剂防治:竹织叶野螟成虫产卵在当年新竹梢头新叶上,常集中在一个小范围的竹林中,几亩或几十亩,称为虫源地。当发现大片竹林有小片竹梢出现枯白现象时,要特别当心,若调查后确定是竹螟幼虫危害,可用白僵菌粉炮或敌敌畏烟剂杀灭,从而可免除当年竹螟危害。

12. 竹绒野螟

学名为 *Crocidophora evenoralis* Walker。属鳞翅目螟蛾科。分布于我国各产竹区以及朝鲜、日本、缅甸等国。危害刚竹属中的主要种类及苦竹等。幼虫吐丝缀竹叶为苞,在虫苞中取食竹叶。严重危害时,竹上虫苞累累,幼虫取食高峰期是竹子出笋期,对竹笋生长、新竹质量影响较大。

识别要点

竹绒野螟成虫

成虫 体长9~13毫米，翅展26~29毫米，雄虫略小。体呈金黄色。触角丝状，呈淡黄色。复眼呈草绿色，死后呈黑色。下唇须粗壮、前伸。翅呈金黄色，缘毛长而密，外缘有1条褐色宽边，缘毛与外缘间有6~7个小黑点，前翅前缘色深，3条横线黑褐色非常清晰，外线在中室处内倾与中线相连接，后翅中央有1条弯曲的中线。

卵 扁椭圆形，长径约1.2毫米，短径约0.9毫米。初产呈乳白色，渐变为淡黄色，卵块产，呈鱼鳞状排列，卵粒排列较疏松，卵粒比较饱满，中间略隆起。

幼虫 初孵幼虫体长1.6毫米，呈乳白色；老熟幼虫体长22~30毫米。头呈橙黄色，体呈淡绿色。胸部各节背面有褐斑3块，各斑明显地被背线整齐分开为二，即每节有褐斑6块，前胸前4块为黑色。腹部各节背面有褐斑2块，同样被背线分开为四，前胸的前气门上方有1个较大的黑斑，中、后胸及腹部各节两侧各有3块黑斑，第1~2、第7~9腹节腹面有4块黑斑。

竹绒野螟卵

竹绒野螟老熟幼虫

蛹 体长13.2~16.5毫米,初化蛹呈金黄色,后渐变为绛红色。臀棘上有微突3个,中间突上着生小钩2根,两边突上各着生小钩1根,臀棘与末节交界两侧各着生小钩1根,臀棘末端2/3处两侧各着生小钩1根。

竹绒野螟蛹

发生时期

一年发生1代。以2~3龄幼虫在竹上以1片竹叶纵缀的虫苞中越冬。次年2月底气温上升,幼虫开始活动取食,并爬出虫苞,再缀3片竹叶为苞。随着幼虫虫龄增长,取食量加大,换苞次数增多。幼虫于4月底老熟,在幼虫虫苞中化蛹,5月上旬开始羽化成虫,5月中旬为羽化高峰,6月上旬成虫终见。5月中、下旬成虫于当年出笋小年的毛竹换叶后的新竹叶上产卵,6月上旬为小幼虫结苞取食期,7月幼虫在1张竹叶结成的虫苞中越夏。竹绒野螟以小幼虫越冬,次年在笋期危害当年正在出笋竹子的竹叶,此习性是危害竹子螟蛾中唯一的。

防治方法

参照“竹织叶野螟”。

13. 竹金黄镰翅野螟

学名为*Circobotys aurealis*(Leech)。属鳞翅目螟蛾科。分布于我国长江以南各产竹区以及朝鲜、日本等国。危害刚竹属、苦竹属、箣竹属中的主要竹种。小幼虫吐丝缀叶剥食幼嫩竹叶的上表皮,仅留下残缺的下表皮,造成竹叶上枯斑。3龄后的幼虫吃食全叶。取食前,幼虫吐丝在单张竹叶上结成丝幕,遮盖虫体,吃食下方载虫的竹叶,竹叶被食大半后,另换叶取食。但该虫食叶量小,造成损失不大。

识别要点

竹金黄镰翅野螟展翅成虫

成虫 雌雄异型。雌成虫体长10~12毫米，翅展31~34毫米；雄成虫体长11~13毫米，翅展29~31毫米。头呈黄色。复眼呈草绿色，死后逐渐变为黑色。复眼与额交界处倾斜有白色绒毛。触角丝状，呈淡黄色。体呈金黄色，前胸盾板、肩板披较长的黄色鳞片，腹面呈银白色。雄成虫前翅狭长，前翅、后翅呈黑褐色，前翅前缘及基部色深，后翅基部色较浅，缘毛及外缘边呈金黄色，腹部细瘦。雌虫前翅稍狭长，鳞片特厚，全部呈金黄色，前缘及外缘较深；后翅呈淡黄色，外缘略深，腹部均匀。

卵 扁椭圆形，长径约1.2毫米，短径约1.0毫米，呈乳黄色，卵粒饱满。卵块中卵粒呈鱼鳞状排列，排列较疏松，卵粒之间相叠部分较少。

幼虫 初孵幼虫体长1.2~1.4毫米，呈乳白色；老熟幼虫体长25~30毫米，呈浅青绿色，略带黄色。头呈浅橙黄色，扁平，前伸。背线呈深绿色，较宽，亚背线呈粉黄白色；气门线较细，呈乳白色。4龄前幼虫胸部各节两侧各有1个黑斑，以前胸1对最大，5龄后幼虫中、后胸两侧黑斑消失。第8腹节背面有3对，第9腹节背面有1对黑斑，分别排于背线两侧。

竹金黄镰翅野螟幼虫

竹金黄镰翅野螟蛹

蛹 体长12~15毫米。初化蛹呈乳黄色，后渐变为褐黄色，尾节突起圆钝。臀棘

8根，着生于突起上，中间2根比其他4根长2倍。茧长扁圆柱形，长径26~29毫米，皮革状，呈红褐色。

发生时期

在浙江省一年发生1代。以老熟幼虫在似胶质茧中越冬。次年4月上旬老熟幼虫开始化蛹，6月下旬蛹终见；4月下旬开始出现成虫，成虫有两个羽化高峰期，第1次为5月中旬，第2次为6月中旬，到7月上旬成虫终见；5月上、中旬成虫产卵，5月中旬出现幼虫取食，幼虫吐丝将竹叶正面略拉卷曲，吐丝一层，在丝膜下隐蔽、取食；6月中、下旬早孵化幼虫老熟，一般在笋箨内壁结茧，迟孵化幼虫到8月上旬老熟结茧，分别越夏、越冬。

防治方法

参照“竹织叶野螟”。

14. 竹云纹野螟

俗名竹淡黄绒野螟，学名为*Demobotys pervulgalis*(Hampson)。属鳞翅目螟蛾科。分布于我国长江以南华东、华中一带竹产区。危害刚竹属中的主要竹种，幼虫取食小年竹(换叶年竹)竹叶。由于当年不出笋，换叶后竹叶被取食，严重影响次年竹子出笋。

识别要点

竹云纹野螟成虫

成虫　雌虫体长8~11毫米，翅展24~28毫米；雄虫体长8~10毫米，翅展22~26毫米。体呈淡黄色至黄白色，腹面银白色。头呈淡黄色。复眼突出，呈草绿色。触角丝状，呈淡黄色。前翅、后翅呈淡黄白色，缘毛长，缘毛内有1列6~7个黄褐色小点，前翅3条横线细而清晰，外线呈大波浪形内倾，其下半段不与中线相接，中线呈淡灰色；后翅中线弯，呈浅灰

在虫苞中取食的3龄竹云纹野螟幼虫

色。足纤细，呈黄白色，胫节有褐色环。

卵 扁椭圆形，长径约1毫米，短径约0.8毫米，呈乳白色至淡黄色，卵粒欠饱满，中央较平。卵块产，卵块呈鱼鳞状排列，较松。

幼虫 初孵幼虫体长1.2~1.4毫米，呈乳白色。老熟幼虫17~24毫米，呈淡黄色到黄褐色。头呈橙黄色。前胸背板有黑斑6块，以三角形排列于背线两侧，腹部各节背面有横形褐斑2块，后面斑被亚背线分隔为三。气门上、下各有褐斑1块。

蛹 体长12~14毫米，初化蛹呈乳黄色，后渐变为橙红色，尾节圆，臀棘上有小钩8根，中间较长，两侧较短，呈弧形排列。

竹云纹野螟蛹

发生时期

在浙江省一年发生1代。以老熟幼虫(预蛹)于落地竹箨中越冬。次年4月下旬开始化蛹，5月中旬为化蛹高峰期，5月下旬为化蛹末期。蛹经10天左右，约在日平均气温20℃时，即5月下旬成虫开始羽化，竹林中终见于6月下旬；成虫于6月上旬产卵于出笋小年竹已经换叶后新叶的背面，卵约10天孵化；幼虫发生于6月上旬至8月上旬，幼虫需食叶30~44天老熟，吐丝坠落地面，在地面爬行寻找地被物，幼虫绝不入土结茧，钻入卷缀起的笋箨内吐丝，非常简单地将笋箨上下粘连或不粘连在内越冬，或钻入像博落回等茎空的杂、灌秆中越冬。

防治方法

参照“竹织叶野螟”。

15. 赭翅双叉端环野螟

俗名竹大黄绒螟，学名为 *Eumorphobotys obscuralis*（Caradja）。属鳞翅目螟蛾科。分布于我国长江以南各省竹产区以及日本。危害刚竹属、箣竹属中的主要竹种。小幼虫吐丝在嫩竹叶背面拉起皱折，幼虫隐藏于丝下取食竹叶下表皮，使竹叶上表皮上出现很多枯白小斑，影响竹叶生长和光合作用。4 龄以后幼虫吃食全叶，取食时幼虫吐丝将一张竹叶背面与另一张竹叶正面粘缀在一起，取食上面竹叶。

识别要点

成虫 雌虫体长 13~16 毫米，雄虫体长 12~14 毫米。体呈灰黄色，腹面呈银白色，头部两复眼间额较宽。复眼呈草绿色，死后呈黑色。触角丝状，呈淡黄色。前胸背面颈板、盾板上绒毛较长。雌成虫前翅呈黄色，缘毛较短，缘毛与外缘间有 1 条棕黄色的线，向内渐淡，后翅呈淡黄色，有 2 条灰黑色斑，前翅、后翅均有玫瑰红或黄色闪光；雄成虫前翅呈灰黄色，后翅呈灰黑色，无闪光，缘毛呈黄色。后足胫节有 1 对内距，外侧有 1枚距，长为内侧距的 1/3。

赭翅双叉端环野螟雌雄展翅成虫

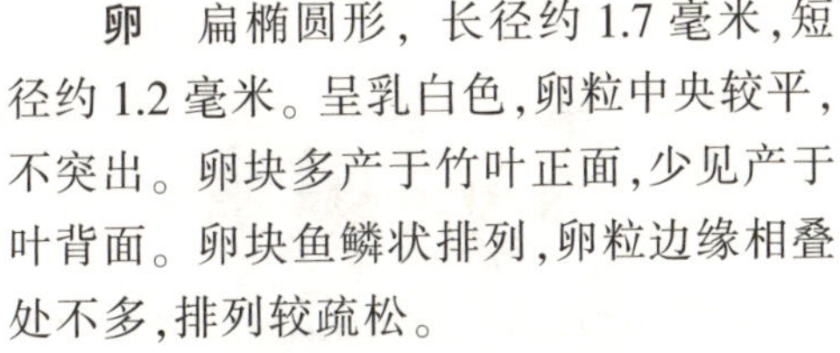

卵 扁椭圆形，长径约 1.7 毫米，短径约 1.2 毫米。呈乳白色，卵粒中央较平，不突出。卵块多产于竹叶正面，少见产于叶背面。卵块鱼鳞状排列，卵粒边缘相叠处不多，排列较疏松。

幼虫 初孵幼虫体长 2 毫米，呈乳白色；老熟幼虫体长 30~35 毫米，呈淡绿色。

赭翅双叉端环野螟幼虫

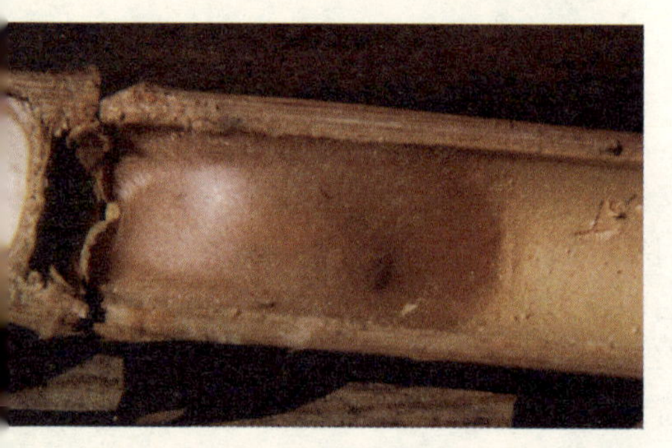
赭翅双叉端环野螟越冬幼虫丝膜

头呈淡橙黄色，活虫较扁平，似前口器式，颅侧区单眼到唇基部分呈黑色。体背线呈深绿色，较宽两边衬托浅黄白色线；气门线较细，呈浅黄白色。胸部各节两侧在气门线上各有 1 个黑斑，以前胸黑斑为大，后依次减小，第 8 腹节背面有小黑斑 6 个，以三角形排列于背线两侧。

蛹　体长 19~21 毫米，体呈红褐色。尾部突出部分呈截状，8 根臀棘着生于截状突出的部位上，中间 2 根略长。茧圆形，丝质，呈白色或黄白色，茧丝膜直径 32~40 毫米，1~2 代丝膜茧薄，越冬幼虫丝膜茧厚或双层。虫口密度大时，在竹腔内丝膜茧可以重叠，1 个竹节腔内有茧 30 余个。

发生时期

在浙江省一年发生 2~3 代。一年发生 2 代者，以老熟幼虫在竹子基部笋箨内或竹子钩梢后的竹腔内结平而圆的丝质膜状茧，预蛹在丝膜下越冬。次年于 4 月底化蛹，5 月上旬成虫羽化，5 月中旬产卵，幼虫 6 月上旬到 7 月中旬危害。第 2 代幼虫 8 月上旬到 9 月中旬危害，9 月中、下旬幼虫老熟越冬，其中小部分幼虫 9 月中旬化蛹羽化成虫，形成第 3 代，以 5~6 龄幼虫在竹叶上越冬。次年 4 月再取食竹叶，于 5 月中、下旬化蛹，成虫于 6 月羽化，以后与一年发生 2 代者相同。

枯叶蛾

危害竹子的枯叶蛾有近 10 种，由于枯叶蛾的天敌较多，在竹林中常以低虫口发生着。当这种平衡被打破后，就有大发生的可能，该类害虫体大，取食猛，一旦大发生，就会造成灾害。现介绍常见的 2 种：双色枯叶蛾和丹霞竹枯叶蛾。

防治方法

参照“竹织叶野螟”。

16. 双色枯叶蛾

学名为 *Euthrix inobtrusa*(Walker)。曾用名竹灰斜枯叶蛾(*Cosmotriche* sp.)属于误定，该虫更接近双色枯叶蛾，但从外生殖器来看，很

可能是一个新种。属鳞翅目枯叶蛾科。分布于我国长江以南的东南沿海各竹产区。危害簕竹属中的主要竹种。幼虫取食竹叶，虫口密度高时，能将竹叶吃光，严重影响竹子的光合作用，致竹材干脆，影响次年竹林出笋数量和新竹质量；严重危害时，可造成竹子枯死。

识别要点

成虫 雌虫体长24~26毫米，雄虫体长23~25毫米。体翅灰黄色。复眼呈黑色。前翅前缘色较深，在中室近中线处有1个黄色斑，上方有1个黄白色小斑，从外线起至内线有一灰色、锯齿状弧形向下斑纹，亚端线以外为暗紫色；后翅呈灰黄色，无斑纹。雄成虫的前翅特征同雌性，唯中室处是1个黑色斑，上方为淡黑色小斑，亚端线由6~7个小黑点或黑线条组成。

双色枯叶蛾成虫

双色枯叶蛾卵

卵 卵圆形，长径2.0~2.1毫米，短径1.6~1.8毫米，呈乳黄色，卵顶略凹陷，正中有1个灰黑色圆斑，卵接触竹叶一面略平。

幼虫 初孵幼虫体长5.0~5.8毫米，体呈黑色，各节有棕黄或黄白色斑。前胸毛束黑色，前、中胸及第8腹节背面毛束白色。老熟幼虫体长70~

双色枯叶蛾2龄幼虫

90 毫米,头壳宽 6.5~7.5 毫米,体呈黄色。前胸气门前方和前下方各有 1 个突出的毛瘤,长有黑色毛束,毛端黄白色。前胸后方、中胸前方两侧及第 8 腹节的第 3 小节背中各生 1 束棕色毛。幼虫各体节明显分为 4~6 小节。

蛹 雌蛹长 32~34 毫米,雄蛹长 25~27 毫米,雌蛹翅芽部分占体长的 40%,雄蛹占 54%。呈橙红色,体壁光滑无毛,尾端近截状,无臀棘,仅有很短的白色稀绒毛。茧长 55~72 毫米,呈鲜黄色,长梭形,附有毒毛及黑色短毛丛。

发生时期

在浙江省、江西省为一年发生 2 代。以 3~4 龄若虫越冬。越冬若虫在晴天中午可少量取食,3 月中旬恢复活动,取食量渐增,到 5 月中旬老熟若虫开始结茧化蛹,5 月下旬羽化成虫。第 1 代卵产于 6 月上旬到 6 月下旬,若虫 6 月中旬孵化取食,到 9 月初老熟结茧化蛹,9 月中旬全部化蛹,同时 9 月中旬成虫羽化,并交尾产卵,卵于 9 月底孵化,幼虫开始取食,10 月上旬成虫终见,卵也孵化完毕,幼虫取食至 11 月中旬越冬。

防治方法

(1) 保护天敌:竹枯叶蛾的天敌捕食性动物有多种鸟类、蜘蛛,成虫与幼虫捕食性昆虫有螳螂、猎蝽;寄生性天敌卵期有赤眼蜂、黑卵蜂,幼虫期有姬蜂、寄蝇,还有粉质拟青霉寄生。慎用农药,维持林间生物的平衡,是竹枯叶蛾在竹林内存在而少大发生的重要保障。

(2) 灯光诱杀:竹枯叶蛾成虫均有趋光性,发现该虫有抬头的趋势时,及时用黑光灯诱杀成虫,可以降低林间虫口密度,保持竹林维持低虫口。

(3) 药剂防治:当发现竹枯叶蛾虫口上升时,可放用白僵菌粉炮,可以大量地降低虫口,基本上可以不造成竹林严重损失,下一年,虫口就会降下去。

17. 丹霞竹枯叶蛾

俗名环斜纹枯叶蛾,学名为 *Euthrix tangi*(Lajonquiere)。属鳞翅目枯叶蛾科。分布于我国福建省、广东省的高山竹林。危害毛竹、青皮竹、撑篙竹、粉箪竹。幼虫取食竹叶,由于幼虫体大,取食颇多,常将竹叶吃光,造成竹林衰败,甚至枯死。

识别要点

成虫 雌虫体长24.5~28.5毫米，翅展45~59毫米；雄虫较小。体呈深赭黄色。头呈灰黄色，复眼呈黑褐色。雌虫触角短栉状，呈灰黄赭色，触角干浅呈枯黄色；雄虫触角长栉齿状。翅同体色，前翅前缘边、缘毛边黑褐色，从后缘近基角1/3处到前缘顶角边有1条较宽的深黑褐色略弯曲的直线，弯曲的直线到外缘之间有一列褐色弯曲的“一”字形纹，略显“人”字形，分布在各脉间，共有6~7枚；基线浅黑褐色，与弯曲的直线之间有1个白色小三角形斑。后翅色浅，略显环纹。足灰褐色。

丹霞竹枯叶蛾雄成虫

丹霞竹枯叶蛾卵

卵 卵圆形，长径1.78~1.95毫米，短径1.38~1.48毫米。初产卵似黏稠的水滴状，很脆，经风吹后卵壳质地呈乒乓球似的坚硬，白色，卵上方有1个较大黑色圆点，长径两端各有1个略小的圆点。卵产于竹叶背面一侧或两侧，卵常与竹叶一同落地，有时卵产于茧上或地面杂草中，最多1处产卵198粒。

幼虫 初孵幼虫体长约3.5~4.5毫米，头呈黑色，前胸两侧毛较长；灰老熟幼虫体长70毫米，体色为黑、绿、黄相杂。头呈草绿色，有复杂的条纹。体分成若干小节，背线很宽，呈灰

丹霞竹枯叶蛾老熟幼虫

黑色,背线正中有1条红色纵线,每节节间中断;在背线与亚背线之间有间断的鲜黄纵线,每节3段;气门上线灰绿色,上有很细的虎皮色斑纹,在线下每节从前往后偏斜,下有细白色纹,气门线与气门下线被黄色簇毛覆盖。前胸第1小节偏后为气门,偏前方在气门上下各生1个毛瘤,生有长长的毛簇,在前胸前缘、背线两边、亚背线位置2个毛簇之间前方共生有6个黄色短毛簇。中胸第3、第4小节背中有一长毛簇;第8腹节第4小节背中有1长毛簇;腹部各节每小节在背线两侧有1对漆黑色很短的毛簇。

蛹 蛹体长19.2~29.4毫米,初化呈橙黄色,后渐变为黄褐色,腹部长大,气门黑色,无臀棘。茧长梭形,长径39~60毫米,雄虫茧短小,两头细,呈灰褐色,中间粗的部分长卵形,茧外附黑色毛。茧结于竹小枝上或杂灌木小枝上。

发生时期

一年发生1代。以卵越冬。在广东省仁化县,3月初越冬,卵开始孵化。在浙江省,室内、外饲养均为3月底孵化。幼虫6龄。7月天快热时,幼虫已近末龄,蜕皮后少取食,并爬至地面隐蔽之处,少活动。到9月底气温下降,天气凉爽时幼虫上竹取食,到10月上旬老熟结茧,10月底11月上旬成虫羽化,并交尾产卵。

防治方法

参照"双色枯叶蛾"。

18. 竹拟皮舟蛾

学名为*Besaia anaemica*(Leech)。属鳞翅目舟蛾科。分布于我国南方各省竹产区。危害刚竹属、箣竹属中的主要竹种。幼虫取食竹叶,4龄后幼虫食叶量增大,雌虫取食量大于雄虫。因幼虫食叶量大,当虫口密度大时,常将竹林竹叶吃光,造成较大的损失。幼虫个体大、体壁光滑、裸露于竹叶上,天敌也较多,特别是一种病毒感染率较高,造成竹林中虫口密度往往较低。

危害竹子的舟蛾害虫有10多种,在竹林中常此起彼伏地发生着,由于该科害虫个体大,裸露生存,天敌多,均以低虫口维持竹林的生态平衡,一旦失去这种平衡,就会大发生;也由于该科害虫个体大,食叶量也大,所造成的损失也大。现介绍以下4种:竹拟皮舟蛾、竹篦舟蛾、竹箩舟蛾和竹镂舟蛾。

识别要点

竹拟皮舟蛾雌成虫

成虫 雌虫体长23.5~28.8毫米，雄虫体长28.5~31.4毫米。体、前翅上斑纹颜色变化大，有黄白色、黄褐色。头呈灰白色。复眼大，呈黑褐色。触角雄虫短栉齿状，雌虫丝状。前胸颈片、盾片覆盖密，绒毛长。前翅鳞片厚，雄虫灰枯黄色或灰黄色，雌虫初羽化为鲜黄色，后渐退为枯白色，缘毛短而密。在中室处与外缘平向有小黑点2列，外1列有10余个，内1列有8~9个，雌虫黑点较雄虫大，而且清晰，在翅后缘还散生大块褐色斑；后翅雄虫为褐色，雌虫为黄白色。足被长而密的黄白色绒毛。

竹拟皮舟蛾爬行幼虫

卵 圆球形，长径约1.74毫米，短径约1.52毫米。呈乳白色，卵壳平滑，有光泽，无斑纹，以2~5粒呈1条产于竹叶背面。

幼虫 初孵幼虫体长3.2~4.0毫米，呈淡黄绿色；老熟幼虫体长58~70毫米，翠绿色兼淡黄色，头柠檬黄色，线纹颜色复杂，中裂线为淡灰绿色，上唇至亚背线为深灰色，唇到气门上线为红色，唇到气门线为深黑色，往下为黄色。体背线为青色，亚背线到气门上线位置有3条纵线均为浅青绿色，气门线为黄色，上方紧贴着1条绿色线，气门下线黄绿色或黄色。胸足为红色，腹足为绿色，末节及趾钩红色，气门棕黄色。

蛹 体长25~31毫米，纺锤形，在舟蛾蛹形中体特别，头部小，特别尖，后胸节、第1腹节最宽，腹部到腹末直线削尖，翅芽尖近达第4腹节末。臀棘呈弧形截状，扁平，有极短齿状突，无小钩。初化蛹呈翠绿色，随后从背部

开始渐变红色到暗红色,最后全体变为深黑色。老熟幼虫在地面下2厘米处结茧,茧长35~40毫米,以丝粘细土及土粒筑成,化蛹后幼虫皮蜕留于土茧中。

发生时期

在浙江省一年发生4代。以蛹越冬。越冬蛹于5月上旬羽化成虫,第2代7月中旬羽化,第3代于8月下旬羽化,第4代于9月下旬羽化。幼虫取食期分别为5月中旬到7月上、中旬,7月下旬到9月中旬,8月下旬到10月中旬,10月上旬到次年5月中旬;蛹期分别为5月、7月、8月中旬到9月中旬,9月中旬开始到10月下旬。

防治方法

(1) 合理经营竹林,保持竹林健康:春挖早出的笋、迟发的笋,留中期出土的健壮的笋生长成竹。冬伐病虫竹、衰老的竹、密度大的竹,保持竹林合理的密度,维护竹林通风透光。特别要砍伐竹林中夏秋出土小细的竹梢,竹舟蛾特别喜欢在这上产卵,取食后幼虫爬上大竹危害。

(2) 保护天敌:竹舟蛾的天敌较多,捕食性动物有多种鸟类,多种蜘蛛;捕食性昆虫有螳螂、蚁、猎蝽、蝽、蠋蝽;寄生性天敌卵期有赤眼蜂、黑卵蜂,幼虫期有茧蜂、姬蜂、寄蝇,蛹期有啮小蜂、姬蜂等;幼虫还有病毒感染,而且感染率比较高。20世纪60年代中后期浙江省湖州市为防治竹螟,曾过量用药,破坏了竹林生态,致使70年代竹舟蛾虫口上升,造成新的虫灾。所以竹林发生虫害要慎用农药,尽量做到合理用药,以保护天敌的生存。

(3) 灯光诱杀:竹舟蛾也有较强的趋光性,在林缘安装黑光灯对多种竹林害虫均有灭杀作用,或发现竹林中有某种害虫虫口密度上升时,在成虫出现前临时挂灯灭杀,也能很好地起到降低虫口的作用。

(4) 药剂防治:当竹舟蛾危害严重必需防治时,要先查清严重危害的面积、地势,再选择农药和喷药方法。对于细小矮秆竹林或平地、缓坡的竹林,可用机动喷雾器喷用80%的敌敌畏乳油2000倍液,或1.8%的阿维菌素乳油4000倍液,或50%的杀螟松乳油1000倍液。对两山之间的山洼,

竹林密度较大，可用敌马烟剂每亩 1 千克熏杀。对于较高的竹林可喷用马拉硫磷粉剂。

19. 竹篦舟蛾

俗名纵褶竹舟蛾、竹青虫，学名为 *Besaia goddrica*(Schaus)。属鳞翅目舟蛾科。分布于我国陕西省、河南省以南各产竹区。危害刚竹属、簕竹属中的主要竹种。幼虫取食竹叶，各代幼虫的发育期不一，取食量也不同，以第 1 代危害最重，严重危害时，毛竹枯死，次年新竹减少 30%，新竹胸径下降 40%，竹林荒芜。

识别要点

成虫 雌虫体长 20~25 毫米，翅展 50~58 毫米；雄虫体长 19~25 毫米，翅展 43~51 毫米。体呈灰黄色至灰褐色，头前毛簇、基毛簇特长。雌成虫前翅呈黄白到灰黄色，从顶角到外线下，有一灰色斜纹，斜线下臀角区呈灰褐色；雄成虫呈灰黄色，前缘黄白色，中央有一暗灰褐色纵纹，下衬浅黄白色边。外缘线脉间有黑色小点 5~6 个，后翅呈深灰褐色。

竹篦舟蛾雌成虫

竹篦舟蛾卵

卵 圆球形，长径约 1.4 毫米，短径约 1.2 毫米。呈乳白色，卵壳平滑，无斑纹。

幼虫 初孵幼虫体长约 3 毫米，呈淡黄绿色。老熟幼虫体长 48~62 毫米，呈翠绿色，体被白粉，背线、亚背线、气门上线呈粉青色，镶于翠绿色体上，但仍很清

竹篦舟蛾4龄幼虫

晰，气门线从大颚、触角至单眼下方延伸而来，深棕黄色，部分个体在后胸以后线体较细，气门呈黄白色，前胸气门附近呈棕红色，上方及中后胸和腹部气门后方各有1个黄点。不同世代幼虫有5、6、7龄之别。

蛹 体长20~26毫米，呈红褐色至黑褐色，臀棘8根，以6根、2根分两行排列。茧长35毫米，在土表下2厘米处以丝粘土筑成，茧较薄，内呈灰白色，平滑，茧外附有土粒。

发生时期

一年发生4代。以幼虫在竹上越冬。日平均气温在3℃以下时，一般不会取食；日平均气温在8℃以上时，越冬幼虫中午可以取食。3月取食量增大，4月上旬幼虫老熟化蛹，到5月上旬蛹终见。各代成虫期分别为4月上旬至6月上旬、6月上旬至7月下旬、8月上旬至9月中旬、9月中旬至11月上旬；各代卵期分别为4月中旬到6月上旬、6月中旬到7月下旬、8月中旬到9月中旬、10月上旬到11月上旬；各代幼虫取食期分别为4月下旬到7月初、6月下旬到8月下旬、8月上旬到10月下旬、10月上旬到次年5月上旬。幼虫从10月上旬开始孵化，取食至2~3龄开始越冬。

防治方法

参照“竹拟皮舟蛾”。

20. 竹箩舟蛾

学名为*Ceiraret rofusca* de(Joannis)。属鳞翅目舟蛾科。分布于我国长江以南各省竹产区以及越南。危害刚竹属中的主要竹种及孝顺竹。幼虫取食竹叶，幼虫一生平均食叶第2代为448.59平方厘米，第3代为662.46平方厘米。20世纪80年代，在浙江省西北部普遍发生。该虫虫体大、食叶猛、危

害重，在竹林中常与其他竹舟蛾同时危害，加重竹林被害程度。

识别要点

成虫 雌虫体长19.5~24.5毫米，雄虫体长21.2~25.5毫米，体呈淡黄色。头呈灰褐色。复眼呈灰绿色。雌成虫触角丝状，淡黄色；雄成虫触角短栉齿状，触角干黄白色，栉齿一面灰黑色。前胸翅基片上毛密壮，背中央有1条灰褐色纵线延至头顶；前翅前缘正常，外缘基部与前缘平行，随后呈弧形与前缘相接，后缘很短，臀角近直角，使前翅狭长，呈老式菜刀形。雌虫前翅呈浅黄色，后缘基呈灰红褐色，外缘隐约可见有1列小点；雄虫前翅呈黄白色，在前缘室位置有两列中断的灰褐色斑，亚中褶处有1个灰褐色斑，后翅在前缘内、后缘内各有1块浅褐色斑。

竹箩舟蛾雄成虫

卵 近圆球形，直径1.25~1.43毫米，高1.15~1.31毫米，色洁白，光亮，不透明，珐琅质，特似小乒乓球，孵化前卵顶出现1个黑点。卵单粒产于竹叶正面尖端。

幼虫 初孵幼虫体长约3毫米，体呈青灰色，毛片明显，头呈暗黄色，顶颊有一酱黑色圈，足呈黑色。老熟幼虫体长62~70毫米，体色变化很大，基本为黄、灰色，头为肉黄或肉白色，上颚呈肉黄色，与脱裂线持平有1个黑色或深灰色长条斑，从口器沿前胸气门到后胸有1条黑斑，在后胸节末分开，向上到背线，向下到气门下线；在第1~3胸节从背线下方至气门线间有

竹箩舟蛾幼虫

1个黄色斑,斑内可见黑色的亚背线、气门上线;亚背线以上至背面色深,有淡肉红色、青灰色、紫灰色;气门上线较细,呈青灰色或浅灰色;气门线呈黑色,基线呈鲜黄色,胸足有黑圈,腹面、腹足呈黑色,有较短的尾角,呈黑色,后面呈肉黄色。该虫体色变化特多,甚至还有仅肉黄色的个体,体上斑纹很少,仅后胸到第3腹节在亚背线以下有黑色颗粒状的黑点。

竹箩舟蛾茧、蛹

蛹 体长18~24毫米,初化为鲜红褐色,后渐为深褐色。臀棘8根,中间6根集中成1束,较长;另2根偏背面,左右分开着生,为中间6根的1/2长;臀钩明显,呈鲜红色,有光泽。茧长32毫米,土茧以丝粘土筑成,茧很薄,内光滑,外附土粒。

发生时期

在浙江省一年发生3~4代。以蛹于表土下结茧越冬。越冬蛹一年发生3代者于3月底到4月上旬羽化成虫,一年发生4代者于4月中旬羽化成虫。竹林中越冬代成虫5月上旬终见。各代成虫发生期分别为4月上旬到5月上旬、6月上旬到7月上旬、7月下旬到8月下旬、9月下旬到10月中旬;各代卵期分别为4月中旬到5月中旬、6月中旬到7月上旬、8月上旬到9月上旬以及10月上、中旬;各代幼虫取食期分别为4月中旬到6月中旬、6月中旬到8月上旬、8月中旬到10月下旬、10月中旬到11月下旬;各代蛹期第1代为5月下旬到6月下旬,第2代为7月中旬到8月下旬,一年发生4代者其第3代为9月上旬到10月中旬,越冬蛹一年发生3代者为10月中旬到次年4月中旬,一年发生4代者为11月下旬到次年5月上旬。

防治方法

参照"竹拟皮舟蛾"。

21. 竹镂舟蛾

俗名竹青虫、异镂竹舟蛾，学名为 *Periergos dispar*(Kiriakoff)。属鳞翅目舟蛾科。分布于我国长江以南各省产竹区。危害刚竹属、苦竹属中的各主要竹种。小幼虫取食各种竹子的嫩竹叶，3 龄后幼虫取食全叶，常将竹林竹叶吃光。在幼虫取食时，还会将竹叶咬碎落地，增加竹林被害程度。在生产上，要特别注意 1~3 代的虫情，严重危害竹林，毛竹可以被害枯死，被害竹林次年出笋减少，新竹眉围下降，被害竹林一时难以恢复。

识别要点

成虫　雌虫体长 16~23 毫米。头、体呈黄白色，复眼呈黑色，触角丝状。前翅狭长，翅尖突出，底色与斑纹变化较大，以黄色、橙色为主；前缘到外缘色深，后缘外侧较浅，近苍白色；翅面散生有模糊褐色雾点纹，翅中有 1 个暗红褐色斑点纹。雄虫体长 12~18 毫米，触角双栉齿状，体呈黄褐色，前翅呈锈黄色，具有灰褐色雾点，翅中有 1 个黑点。雌雄成虫中均有少数个体前翅从翅基到翅尖有 1 条斜行的浅褐色斑纹，正中两侧有 4~5 条同色短斑纹。

竹镂舟蛾卵

竹镂舟蛾老镂幼虫黄色个体

卵　扁圆形，呈橙红色。顶端平，中心凹陷成柿子状。直径 1.69~1.88 毫米。卵以块状、单层产于竹叶正面，少数产于竹叶背面。

幼虫　初孵幼虫体长约 3 毫米，呈乳白色，全身被原生刚毛。各代幼虫经 5 个龄期或 6 个龄期老熟，第 2 代还出现少数 7 个龄期的个体。不同虫龄的幼虫体色变

竹镂舟蛾茧蛹

化较大,基本上是从土黄到翠绿色转变。老熟幼虫体长 45~60 毫米,气门下线为黄白色,前胸前缘有 1 个黑丝绒色肾状形斑。

蛹 体长 18.5~26.5 毫米,初化蛹呈深翠绿色,羽化前为黑褐色。翅芽达第 4 腹节末,腹末背面有半圈突起的边,着生有细小的刚毛,有臀棘 8 根。土茧长 30 毫米,以丝粘泥混合筑成,茧很薄,内光滑,外附土粒。

发生时期

在浙江省一年发生 3~4 代,在湖南省一年发生 4 代。在浙江省一年发生 3 代者以蛹越冬,一年发生 4 代者以老熟幼虫(预蛹)越冬,越冬幼虫于 3 月下旬化蛹,到 5 月上旬终止。第 1 代于 4 月中旬至 5 月中旬羽化成虫,4 月下旬到 5 月底产卵,幼虫取食期为 5 月上旬至 6 月下旬,5 月底到 6 月底化蛹。第 2 代成虫于 6 月中旬至 7 月上旬羽化,6 月下旬到 7 月中旬产卵,6 月下旬到 8 月中旬幼虫取食,7 月下旬到 8 月下旬幼虫化蛹。第 3 代成虫于 8 月上旬至 9 月上旬羽化,8 月中旬到 9 月中旬产卵,幼虫取食期于 8 月中旬至 10 月上旬,其中一部分于 9 月中旬到 10 月中旬化蛹产生第 4 代,另一部分于 9 月下旬到 10 月中旬后结茧越冬。第 4 代成虫于 9 月下旬至 10 月下旬羽化,10 月上旬到 10 月底产卵,幼虫于 10 月中旬孵化取食,至次年 2 月上旬老熟下地结茧。各代重叠现象明显。

防治方法

参照“竹拟皮舟蛾”。

22. 竹叶涓夜蛾

学名为 *Rivula biatomea*(Mooye)。属鳞翅目夜蛾科。分布于我国浙江、台湾

等省以及日本等国。危害刚竹属中的主要竹种及苦竹。在我国内地于1996年在浙江省慈溪市初次发现，1997年在余姚市发现被害毛竹，1999年危害面积扩大。1998年在浙江省湖州市毛竹林发现危害，此后浙江全省竹产区普遍发生。此虫系突发性的发生，一旦发生危害颇重，会将竹叶吃光，造成竹子死亡。

识别要点

竹叶涓夜蛾初羽成虫

成虫 体长9~13毫米，翅展19~23毫米，呈淡黄白色。头呈淡黄色，头顶呈灰白色，下唇须的两侧橙黄色，上部白色。复眼呈灰黑色。触角丝状，基部1/6为白色，余渐变为黑色。初羽成虫翅呈黄色到黄褐色，前缘为淡枯黄色，外缘、后缘为黄褐色，缘毛长，前翅、后翅缘毛内有1列7~8个小淡褐色点，外线由5~7个浅褐色点组成，中线、内线也由隐约浅褐色小点组成；翅背面正中有1个较大的黑点，以后翅更明显。

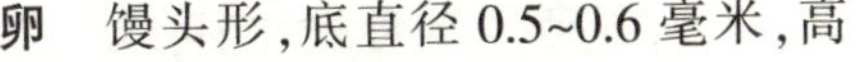

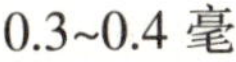

卵 馒头形，底直径0.5~0.6毫米，高0.3~0.4毫米，呈乳白色，从卵顶到卵底径周围有整齐放射状纹，卵散产于竹叶背面。

竹叶涓夜蛾老熟幼虫

幼虫 初孵幼虫体长0.9~1.2毫米，呈乳白色，被原生刚毛。老熟幼虫体长22~24毫米，呈青绿色。头呈淡黄色，体背线很宽，为深绿色，在腹部背线两侧每节各有1个小白点；亚背线呈白色或淡黄色，非常清晰，但在节间处断裂；气门线白色，在背线两侧、亚背线下方、气门上线、气门下线位置，每节均生有1个毛瘤，着生黑色或灰白色刚毛1根。

蛹 体长11~14毫米。初化蛹呈翠绿

色或淡绿色,数天后胸背显出黑色,逐渐扩大,形成3条黑色斑纹;腹背两侧各有斜向的黑色斑纹,羽化前为淡黄褐色。蛹头圆,尾突尖,臀棘突出,端部着生10根小钩。体被稀疏的白色细毛,以尾节略多。蛹化于竹叶背面,蛹头、尾均以白色的丝固定。

发生时期

在浙江省一年发生4~5代。以幼虫及少数蛹越冬。在浙江省富阳市2月下旬、3月上旬越冬幼虫开始取食,4月上、中旬幼虫老熟,吐丝自缚于竹叶叶面,经2~3天化蛹,4月中、下旬羽化成虫,5月上旬以幼虫越冬的蛹也羽化成虫。各代发生期分别为:第2代以后成虫分别为6月上旬到7月初、7月中旬到8月上旬、8月下旬到9月中旬。卵期分别为5月,6月中、下旬到7月中旬,7月中旬到8月上旬,8月底到9月中旬,10月。幼虫取食期分别为5月中旬到6月下旬、6月下旬到7月下旬、7月下旬到8月底、9月上旬到10月初以及10月下旬、11月底到12月上旬。

防治方法

(1) 保护天敌:该虫的天敌特多,有5种鸟、4种蜘蛛捕食幼虫和蛹;捕食性昆虫螳螂、蚁、蛉多种捕食幼虫;寄生性天敌卵期有赤眼蜂,幼虫有12种小蜂、2种姬蜂和茧蜂,有效地控制了该虫虫口。故该虫大发生后,次年虫口一定会下降,一定要慎用农药。

(2) 药剂防治:在突然大发生、虫口密度高时,可用白僵菌粉炮防治或用1.8%的阿维菌素乳油4000倍液喷雾。

23. 刚竹毒蛾

学名为 *Pantana phyllostachysae* Chao。属鳞翅目毒蛾科。分布于我国长江以南各省竹区。危害刚竹属各竹种及苦竹。幼虫取食竹叶,1976年浙江省庆元县等被害毛竹林面积超过16万亩,大发生时可将竹叶吃光。

竹毒蛾

危害竹子的毒蛾有4种,其中以刚竹毒蛾和华竹毒蛾2种危害最重。危害严重时每竹有虫多达2000条,少则500条,被害竹可能枯死,次年出笋减少或不出笋。毒蛾幼虫体被毒毛,触及人体会引起红肿、痒痛,影响人们上山作业。

识别要点

成虫 雌虫体长13.5~15.8毫米,雄虫体长9.5~12.2毫米。雌成虫体白色略带黄,头部覆毛较少,下唇须呈黄白色。触角短栉齿状,栉齿短稀,呈灰黄白色。前翅、后翅均呈浅黄白色,半透明,前翅后缘与雄成虫同位置有很浅的橙黄色斑,后翅呈白色,腹部粗大,底色为暗黑色,上覆短白色绒毛。雄成虫体呈黄色,头顶覆黄色毛,下唇须呈锈黄色,复眼呈灰黑色,触角栉齿状。前胸颈板、翅基片上绒毛发达,前翅呈淡黄至棕黄色,前缘翅基色深,后缘中央偏前有1个较大的橙红色斑,后翅呈黄白色,无斑,足呈黄白色。

刚竹毒蛾雌成虫

刚竹毒蛾卵

卵 鼓形,高约0.8毫米,呈浅黄白色,顶部稍平,中间略凹,顶缘有1条浅褐不均匀环纹。

幼虫 初孵幼虫体长2.7毫米,呈淡黄白色,前胸侧毛瘤各有1个黑色的长毛束。3龄幼虫第1~4腹节背面各有1束刷状毛初现,呈锈黄色。老熟幼虫体长20~28毫米,呈浅灰黑色,被黑色和黄色长毛。前胸两侧中央具突出毛瘤,各生1束向前伸的灰黑色羽状毛,长约10毫米;第1~4腹节背面中央各生1束红棕色刷状毛、4个毛刺,它们常聚在一起呈一大红毛刺块;第8腹节背中有1

刚竹毒蛾老熟幼虫及茧

个红棕色的毛瘤，上着生黑色的毛束，此毛束比华竹毒蛾同位置的毛束短，而且末端膨胀成1个毛绒球，毛束内混有羽状毛。

蛹　雌蛹体长15~18毫米，雄蛹体长10~13毫米，呈黄棕色或红棕色，体各节被黄白色毛，臀棘上有小钩30余根，共成1束。茧长椭圆形，长16~25毫米，丝质薄，呈土黄色，茧上附有毒毛。

发生时期

在浙江省、福建省一年发生3代，在江西省、四川省一年发生4代。以幼虫在卵内越冬和以1~3龄小幼虫在竹上越冬。在浙江省南部各代幼虫取食期分别为3月中旬到6月上旬、6月下旬到8月上旬、8月中旬到10月上旬；福建省各代发生期分别比浙江省提前10~15天。在江西省各代幼虫取食期分别为3月中旬到5月上旬、5月下旬到6月下旬、7月上旬到8月上旬、8月下旬到10月上旬，11月上、下旬孵化的小幼虫需取食10~35天越冬。

防治方法

(1) 加强竹林管理，保持竹林合理密度：刚竹毒蛾一般是先发生在湿度较大的山洼或立竹密度较大的竹林，危害后再向山坡、山脊转移，逐渐加重。保持竹林合理密度、通风透光，可以降低该虫的危害。

(2) 保护天敌：卵期有赤眼蜂、黑卵蜂寄生；幼虫有茧蜂、姬蜂寄生。寄生率均较高，对控制该虫的虫口密度起重要作用，也是该虫在大发生后下

刚竹毒蛾幼虫被茧蜂寄生

天敌寄蝇幼虫

一年虫口立即下降的重要原因。

(3) 灯光诱杀：该虫有趋光性，成虫期可以用黑光灯诱杀。

(4) 药剂防治：在山洼初发现该虫危害时，可以喷用白僵菌粉。因初发生地竹林密度较大，可用敌马烟剂每亩 1 千克熏杀。

24. 华竹毒蛾

学名为 *Pantana sinica* Moore。属鳞翅目毒蛾科。分布于我国长江以南各产竹区。危害刚竹属中的主要竹种。幼虫取食竹叶，以第 1 代危害最重。

识别要点

成虫 成虫具三型，即雌成虫、冬型雄成虫、夏型雄成虫。雌成虫体长 12~16 毫米，翅展 35~39 毫米。触角干灰白色，栉齿较短，呈灰黑色。复眼呈黑色。头、腹部呈灰白色，略显棕色。前翅呈白色，翅基、前缘及外缘略被浅棕色鳞片，在翅面正中各翅脉相交夹角处各有 1 个黑斑，共 4 个；后翅呈乳白色。冬型雄成虫比雌成虫略小，触角羽状，呈黑色或灰黑色，下唇须呈锈黄色。头、前胸呈灰白色或灰黄色，腹部呈黑色。前翅前缘半部、外线到端线部分黑色或灰黑色，有翅脉处色浅，与雌成虫前翅同等位置处有 4 个黑斑，余为白色；后翅呈白色。夏型雄成虫虫体大小同冬型，唯体、翅全为黑色，前翅肘脉及臀脉为灰棕色，其他翅脉处色浅，腹面及足为灰白色，略带棕色。

华竹毒蛾雌成虫

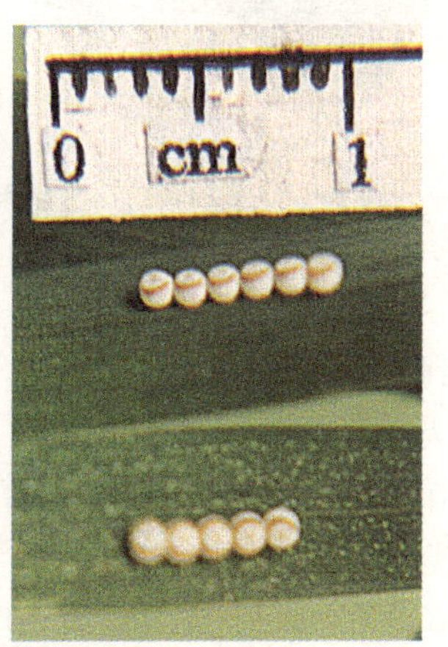

华竹毒蛾卵

卵 略呈扁圆形，宽约 0.9 毫米，高约 0.8 毫米，呈灰白色，顶部较平，中央略凹陷，周围有

华竹毒蛾幼虫

1 个浅褐色的圆环，下部略圆。

幼虫 初孵幼虫体长 2.5 毫米，呈淡黄白色，有黑色毛片，前胸侧毛瘤各有 1 个黑色的长毛束。老熟幼虫体长 20~31 毫米，呈暗黄褐色，前胸两侧毛瘤突出，各着生 1 束黑色长毛，背线宽阔、黑色，亚背线、气门上线灰白色。第 1~4 腹节背面有 4 丛棕红色刷状毛，第 8 腹节背面有 1 束向后竖长的黑色长毛，基部有棕黑色毛瘤 2 个，各生棕红色短毛丛，各节侧毛瘤、亚背线毛瘤均着生短毛丛，腹面灰白色。

蛹 雌蛹体长 16~19 毫米，雄蛹体长11~15 毫米。呈橙黄色，额的两边各生 1 根刚毛，体背各节密生黄白色短毛。雄蛹触角宽大，遮去前翅芽的 2/5，两触角尖端相接，臀棘上有许多钩刺；雌蛹触角宽短，与下颚等长，前翅芽仅达第 4 腹节中间。茧梭形，长为 18~26 毫米，呈灰黄色或黄褐色，丝质。夏茧较薄，越冬茧两层，外层结构细密，呈灰黑色，附少量体毛，内层呈黄褐色，结构疏松。

华竹毒蛾茧、蛹

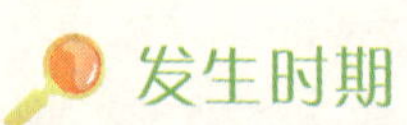
发生时期

在浙江省一年发生 3 代。以蛹越冬。次年 4 月下旬越冬蛹开始羽化成虫，到 5 月下旬结束，各代卵期依次为 4 月下旬到 5 月下旬、6 月上旬到 8 月上旬、8 月下旬到 9 月下旬；各代幼虫期依次为 5 月上旬到 7 月中旬、7 月上旬到 8 月上旬、9 月上旬到 12 月上旬；第 2、第 3 代成虫期分别为 6 月中旬到 8 月上旬、8 月中旬到 9 月下旬。成虫羽化后可立即交尾、产卵。综合累计华竹毒蛾第 1 代平均需时 30.82 天，第 2 代需时 63.68 天，第 3 代需时 248.32 天。

防治方法

参照“刚竹毒蛾”。

25. 鱼尾竹环蝶

俗名箭环蝶、赭环蝶，学名为 *Stichophthalma howqua*(Westwood)。属鳞翅目环蝶科。分布于我国陕西省以南各产竹区及东南亚地区。危害刚竹属、簕竹属中的各主要竹种。每竹最多有幼虫达百条，该虫成虫是很好的工艺装饰品。

蝶 类

竹林中蝶的种类很多，这是竹林生态好的反映，是竹林生物多样性的体现。由于蝶的幼虫个体大，竹农一经发现，非常担心，进行防治，这是误杀。事实上蝶的幼虫取食量很小，裸露危害，天敌也多，一般不会成灾，造成重大经济损失。但由于环境关系，天敌减少，蝶大发生的例子也不少。如鱼尾竹环蝶在绍兴市、龙游县，蒙链眼蝶在安吉县、余杭区都有大发生的情况。现仅介绍以下6种蝶类：鱼尾竹环蝶、四星云眼蝶、竹曲纹黛眼蝶、竹连纹黛眼蝶、蒙链眼蝶和竹红眼玛弄蝶。

识别要点

成虫 体长29~35毫米，翅展95~105毫米。体、翅呈黄色、黄褐色。复眼大，突出，呈深褐黑色。触角呈黄褐色，棒末端膨大部分小。前胸盾板被绒毛，翅正面呈深橙黄色，缘毛短，呈黄白色，外缘与缘毛间有1条黑褐色线，前翅似水渍浸润状；前翅、后翅外缘各有鱼尾纹斑6个，后翅后缘色浅或黄白色。翅背面缘毛黄褐色，外缘有2条波状纹；在中央及近基部各有1条波状横线，前翅在两横线间有1条似“S”形线，均为深黑褐色，雌蝶在中横线外侧有1条白带，缘室中央有清晰和模糊的5个红褐色眼斑，前翅5个红褐色眼斑中末1枚、后翅5个红褐色眼斑中的1与5两枚围有黑边，中心有清晰和模糊的半月形白瞳点。

鱼尾竹环蝶成虫

卵　圆球形,直径约1.2毫米,浅绿色,渐变暗黄色,块产,由整齐的条状组成,1个卵块最多有卵120粒。

幼虫　初孵幼虫体长约2.5毫米,呈乳白色。老熟幼虫体长70毫米左右,头呈淡绿色,头顶有1块黄斑,斑中有2纵条红斑,每斑前方各生1丛黑色长毛簇;体底为浅黄色,上均分各条青绿色的横线,因横线多而宽,使体色看似为青绿色,每体节分为4~6个小节,体密被白色细绒毛,气门呈黑色,下方有黄色半围圈,腹面淡黄色。末端有青绿色尾角1对。

鱼尾竹环蝶幼虫

鱼尾竹环蝶蛹

蛹　体长37~44毫米,腹面似橄榄形,初化蛹呈淡黄翠绿色,后渐变为黄浅绿色,被白粉。头前方突出分两叉,呈黄色;第3~4腹节间特别宽阔并突起,突起前方有赭红横线,后方为黄色横线。体每节有10余个小黑点,呈2条横排于体节上。臀棘扁阔,有小钩。

 发生时期

在浙江省一年发生1代。以2~3龄小幼虫在11月上、中旬于地被物下或在竹叶上缀叶越冬。次年3月底、4月初幼虫活动取食,5月上旬取食颇猛,5月底幼虫老熟并开始化蛹,蛹期长达1个月,6月上旬成虫开始羽化,6月中、下旬为羽化高峰期,成虫期长达1个半月,7月中旬终见。6月底为产卵高峰期,卵约经10天孵化,竹林中6月中、下旬见幼虫,7月上旬为幼虫孵化高峰期。幼虫在竹叶上取食,10月底后停食准备越冬。

防治方法

(1) 合理经营竹林,保持竹林生物多样性：科学挖笋、砍竹,保持竹林合理密度,达到通风透光程度;不全面挖山,减少竹林土壤冲刷,保存竹林浅根性杂草生长;保存山顶阔叶树、林缘小灌木的存在,使竹林四周植物群落复杂、昆虫种类繁多,达到竹林生物多样性、有虫不成灾的境界。

(2) 保护天敌：鱼尾竹环蝶的成虫活跃,爱飞翔,一旦停栖,目标明显;幼虫个体大,裸露危害,易被捕食或寄生。蝶的成虫、幼虫、蛹有10多种捕食性鸟,幼虫由多种蜘蛛、猎蝽、螳螂、蜾蠃蜂捕食,卵期有赤眼蜂、黑卵蜂寄生,幼虫有姬蜂、茧蜂、寄蝇寄生。控制蝶类的种群,使蝶类虫口密度不能上升。所以竹林要控制化学农药的施用。

(3) 药剂防治：个别种类虫口密度上升,危害特别严重,需要喷药时,应考虑到蝶的幼虫个体大,裸露危害,对药剂抗性低,一般药剂低浓度防治,即有较好的效果。

26. 四星云眼蝶

俗名白斑云眼蝶,学名为 *Paraplesia adelma*(Feld)。属鳞翅目眼蝶科。分布于我国陕西省以南各产竹区。危害刚竹属、簕竹属中的各主要竹种及苦竹。幼虫期特别长,幼虫多静伏,少取食,天敌也多,多以拟态保护,是竹林中的稀有种类。

识别要点

成虫　体长28~36毫米,翅展83~90毫米。头呈黑褐色。复眼呈漆黑色,椭圆形,竖置,复眼下半圆周外有2条各占1/4周的白斑,上半圆周外各有2个白点;上唇须上翘,长超过头顶。触角呈黑褐色,端部棒状不明显粗。体、翅呈黑色。前翅外缘浅波浪状,波凹处呈白色,正面亚外缘有2列白斑,内侧

四星云眼蝶成虫

1列稍大，前缘中部斜向后角有1列白斑，前1个常分为3~4个斑条，中室端1列白斑最大，4枚，得名称四星云眼蝶；后翅外缘大波浪状，波凹处白色更丰富，正面亚外缘有1列白斑。背面前翅在基角处有3~5块零星白斑，其他斑位同正面；后翅亚外缘有1列白斑，前缘3个较大，后4个似“人”字形，中域有1列淡黄斑，在上述2列之间有1列5个小白点。

四星云眼蝶幼虫

幼虫 老熟幼虫体长82~90毫米，3龄前幼虫呈翠绿色，老熟幼虫枯黄色。体长梭形，密布刻点。头尖，背面观有分开痕迹；体背侧面可见每个体节又分为4~6个小节，刻点更粗，在亚背线位置每节有1块较大的黑斑，尾角尖长，背面观分开痕迹更深。

蛹 体长41~45毫米，呈枯黄色，头鹰喙状，前胸隆起，前翅芽达第4腹节末；腹部每节从背到亚背线位置有1排斜行向下的4~5个黑点，腹气门较宽，气门线由断断续续的小黑点组成，气门下线较浅，蛹倒挂于竹小枝上。

发生时期

在浙江省一年发生1代。以幼虫在竹子竹叶上越冬。次年3月中旬幼虫活动，取食竹叶，到5月上、中旬幼虫老熟，爬行至竹子中上部化蛹，到6月中旬全部化蛹结束，蛹经半月羽化成虫，成虫期发生于5月下旬到7月上旬，卵产于6月中旬到7月上旬，幼虫取食期为6月下旬到次年6月上旬。幼虫于11月下旬越冬。

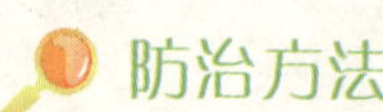

防治方法

参照“鱼尾竹环蝶”。

27. 竹曲纹黛眼蝶

学名为 *Lethe chandica* Moore。属鳞翅目眼蝶科。分布于我国长江以南各产竹区及东南亚各产竹区。危害刚竹属各竹种及苦竹等。小幼虫在竹叶背面取食竹叶,4 龄后幼虫食叶量增大。成虫补充营养需吸取竹林地被物花蜜,早年竹林地被物被破坏,此虫虫口下降,在竹林中几乎绝迹,近年来竹林中又见此蝶飞翔,但仍是竹林中的少见种类。

识别要点

成虫 体长约 18 毫米,翅展 54~60 毫米。头呈黑色。复眼呈黑色,大而突出。触角呈棕黄褐色。体、翅呈棕黑色,雄蝶前翅正面黑褐色,无斑纹,后翅正面黑褐色,后缘色浅,外缘有 2 条红横线或色浅。雌蝶前翅正面在顶角处有 1 个白斑,后翅正面外缘有 2 条红线。雄蝶前翅背面外缘为黑色,依次向内有 1 条红色横线、灰白色波状横线、黑褐色波状横线,前缘顶角到中横线一片灰白色,在此域内亚外缘位置有明显或不明显 6 个眼状纹,内横线为 1 条微曲的条纹,从前翅直至后翅后缘中域,后翅 6 个眼状纹明显,近前缘 1 个中心有 1 个小白点,从上而下依次第 2、第 5 眼状纹有 2 个小白点,第 3、第 4、第 6 眼状纹有 3 个小白点。雌蝶背面与雄蝶相近,但较模糊。

竹曲纹黛眼蝶雌成虫(左)和雄成虫(右)

竹曲纹黛眼蝶卵

卵 馒头状,直径约 1.5 毫米,初产呈乳白色,后渐变为白色,卵顶精孔为淡黄色,

竹曲纹黛眼蝶老熟幼虫

略有光泽，卵单粒产于竹叶背面。

幼虫 初孵幼虫体长 4 毫米，体细长，呈乳黄色。头呈黑褐色，头不尖，有 1 对尾角。老熟幼虫体长 50 毫米，体翠绿色。头前端两侧有 1 对侧角，长为头长的 2 倍，紫红色，头布满刻点。中胸背面到第 9 腹节背面有中间宽、两头狭的红、黄大斑纹，以黄色镶边；中、后胸背中各有 1 个深褐色斑；在第 3、第 4 腹节背中有 3 条深褐色纵斑，以三角形排列；第 5、第 6 腹节背中有 3 条浅褐色纵斑，亦以三角形排列；第 8、第 9 节背中各有 1 条褐色纵斑。尾角尖，可见微分为二，体各节又可见分成 4~6 小节，并布满刻点。

竹曲纹黛眼蝶蛹

蛹 体长约 2.5 毫米，呈淡黄色，为士兵贝雷帽状。头、尾尖，从中胸部隆起，隆起尖角近直角，隆起后方背与腹面几乎平行，腹中部后突然变细至尾部。从头尖角到腹背中部有 1 条灰褐色斜纹，以此纹为基线有1 个菱形斑纹，腹侧共有 7~8 条，体布刻点。蛹倒挂于竹小枝上，半透明状。

 发生时期

在浙江省一年发生 3 代。以 2~3 龄小幼虫越冬。次年 3 月底、4 月上旬越冬幼虫活动取食，幼虫于 5 月上、中旬老熟并开始化蛹，蛹经半个月羽化成虫，约到 6 月下旬羽化完毕。成虫期颇长，在林中约 7 月中旬终见，在 6 月上旬到 7 月中旬成虫产卵，卵经 7~10 天孵化，6 月上、中旬到 8 月下旬为第 1 代幼虫取食期，幼虫经 50 余天取食老熟，8 月上旬见蛹。8 月中旬到 9

月下旬为第2代成虫期，8月上、中旬到9月下旬为第2代幼虫取食期。第3代成虫发生期在10月上旬到11月下旬，10月中旬第3代幼虫开始出现，11月下旬、12月上旬开始越冬。

防治方法

参照“鱼尾竹环蝶”。

28. 竹连纹黛眼蝶

俗名平原竹眼蝶、四斑黛眼蝶，学名为 *Lethe syrcis* Hewitson。属鳞翅目眼蝶科。分布于我国各产竹区以及印度、印度尼西亚等国。危害刚竹属、箣竹属中的各主要竹种及苦竹等。幼虫取食量小，在竹林中幼虫、蛹常被伞裙追寄蝇寄生，寄生率颇高，所以对竹林危害不大。

识别要点

竹连纹黛眼蝶成虫

成虫　体长17~19毫米，翅展52~62毫米。头、胸呈黑色，翅表呈棕褐色，缘毛很短，呈白色。前翅无斑，亚外缘、外横线为2条深色纹；后翅亚外缘有4个大黑斑，黑斑外围有1个黄色环，后缘一片为粉白色。翅背面呈淡黄白色，缘毛深褐色，前翅亚外缘、外横线、内横线深褐色，后翅亚外缘有5个眼斑，中线棕褐色纹中部顺眼斑向外弯呈尖角状突起，在下端和内横线棕褐色纹的后端相连。足呈棕褐色。

竹连纹黛眼蝶刚产的卵(左)和发育的卵(右)

卵　馒头状，直径约1.2毫米，呈淡黄绿色，略有光泽，卵单粒产于竹叶背面。

幼虫　初孵幼虫体长约4毫米,体呈乳黄色,头呈淡黄色,体不尖,尾尖,呈淡黄色。老熟幼虫体长52毫米,体呈黄绿色,背线呈黄色,头、尾均尖。

蛹　体长,初化蛹为翠绿色,后渐变为黄绿色,尤以腹部变化为大。头部前端分叉成为两个尖角,黄色。中胸背面突起甚高,尖端黄色,从头部尖经前胸、顺前翅后缘有一黄色纹,到外缘处终止。气门黄色。腹部腹面各节短缩,使尾部内弯。蛹倒挂于竹叶背面、竹小枝上。

竹连纹黛眼蝶初孵幼虫

竹连纹黛眼蝶蛹

发生时期

在浙江省一年发生3代。以2~3龄小幼虫越冬。次年4月上旬越冬幼虫活动取食,幼虫于5月上、中旬老熟并开始化蛹,蛹经半个月羽化成虫,约到6月上旬羽化完毕。成虫期颇长,在林中约7月中旬终见,在6月上旬到7月上旬成虫产卵,卵经7天左右孵化,6月上、中旬到8月下旬为第1代幼虫取食期,幼虫经50余天取食老熟,8月上旬见蛹。8月中旬到9月下旬为第2代成虫期,8月上、中旬为第2代幼虫取食期。第3代成虫发生期在10月上旬到11月下旬,10月中旬第3代幼虫开始出现,11月下旬、12月上旬开始越冬。

防治方法

参照“鱼尾竹环蝶”。

29. 蒙链眼蝶

俗名蒙链荫眼蝶，学名为 *Neope muirheadii*(Felder)。属鳞翅目眼蝶科。分布于我国陕西省以南各产竹区以及日本、越南、缅甸、泰国、老挝等国。危害刚竹属、簕竹属中的各主要竹种及苦竹、水稻。幼虫取食竹叶，但由于虫口密度较大，幼虫取食也猛，常将局部竹林竹叶吃光，造成一定的损失。

识别要点

蒙链眼蝶成虫

成虫 雌成虫体长 19~23 毫米，雄成虫体长 18~22 毫米。体呈灰褐色。触角呈棕色，近末端呈黑色。复眼呈灰棕色，复眼后方有 1 个白色环纹。胸部密被长绒毛。前翅、后翅呈灰褐色，外缘大波纹状，缘毛短，呈白色。雌成虫前翅在外线到端线间有 1 条浅灰色带，带区内有黑斑 3~4 枚，近前缘 2 枚较小；后翅在横脉纹外有黑斑 4~5 枚，近前缘 2 枚较小。雄成虫前翅呈深灰褐色，斑纹或无或隐约可见，后翅在横脉纹外有黑斑 2 枚，偶隐约可见黑斑 4 枚；翅反面色较浅，前后翅中部有深褐色横带，横带两侧有黄白色边，前翅在正面黑斑位置处有 4 枚黑色眼状纹，后翅有 8 枚黑色眼状纹，均有黄白色环和白色的中心。

卵 近圆球形，直径 1.3 毫米，呈乳白色，较透明，有光泽，有细微的不规则花纹。卵块产于竹叶背面，卵块上卵粒排列不整齐，每卵块有卵 25~74 粒。卵孵化前先在卵顶出现“品”字形 3 个红点，待红点变黑时即将孵化。

幼虫 初孵幼虫体长 3.5 毫米，取食后体渐增长，呈乳白色，取食后渐转为青绿色，有细毛。3 龄后体呈黄褐色，显出灰黑色气门线。4 龄幼虫各体节出现小节，背线黑色。老熟幼虫体长 46~49 毫米，呈土褐色，头圆形，麻土黄色，额部较平，布满颗粒状突起，口器黑色。体各节明显出现 3~5 小节，全体布满刻点。前胸节较细，中胸节与头等粗，第 1~6 腹节特粗，背线较粗，呈黑

蒙链眼蝶老熟幼虫

色，亚背线较细，气门上线、气门线均为土黄色，气门下线以下及足细毛较长，呈白色。腹部色浅，呈淡灰色。尾部有尾角1对，呈黄色。幼虫5龄，极少数有6龄。

蒙链眼蝶蛹

蛹 体长15~18毫米，初化时呈浅褐色，后为深褐色，羽化前呈黑色，长椭圆形，后胸节背面凹陷，前翅芽达第4腹节末端，第5~8腹节腹面短而紧缩，使蛹腹面向前弯曲，臀棘长而宽扁，向前伸出与体垂直，尖端毛糙，粘于枯叶上。

发生时期

在浙江省一年发生2代，以蛹越冬。4月中旬成虫开始羽化活动，到6月中旬终见，6月上旬产卵，7月上旬卵终见，6月中旬到7月下旬为第1代幼虫取食期，7月上旬到8月底化蛹；第2代成虫于7月下旬开始羽化，8月底、9月初终见，8月上旬到9月上旬产卵，幼虫取食期为8月中旬到10月底，9月中旬到10月底化蛹越冬。

防治方法

参照“鱼尾竹环蝶”。

30. 竹红眼玛弄蝶

俗名竹褐弄蝶，学名为 *Matapa aria* Moore。属鳞翅目弄蝶科。分布于我国长江以南各产竹区以及东南亚地区。危害箣竹属中的各主要竹种，有报道称也危害刚竹属中的毛竹，是观赏性竹子的重要害虫，尤其在公园内的路边、庭院内的观赏竹上，吊挂虫苞和被害残叶往往影响美观。

识别要点

竹红眼玛弄蝶成虫

成虫 雌虫体长13.4~16.8毫米，雄虫体长14.8~20.7毫米。全体呈深褐色。头呈棕黄色，下颚须粗壮。复眼呈红色，死后数日渐变为浅褐色。触角呈棕灰色，节间为灰白色。前翅、后翅呈深褐色至黑色，无斑纹，前翅前缘近基角1/3处稍突出，2/3处略凹陷；前缘及基角为棕黄色，缘毛黄白色，翅面有棕黄色闪光。前后翅反面为深棕黄色，腹部腹面密被棕黄色毛。成虫腹部末节平截，略呈弧形，呈黄白色。

竹红眼玛弄蝶2龄幼虫

卵 馒头形，直径1.6~1.9毫米，高1.0~1.2毫米。初产卵呈灰白色，后渐变为灰褐色或灰绿色。从卵顶向卵边有放射形突起，孵化前卵顶部有红色的斑点。雌成虫产卵时常将尾部鳞片附于卵上，也常被误为是小棘刺。

幼虫 初孵幼虫体长2毫米，体呈暗红色，头呈黑色、发亮。3龄后幼虫体为黄绿色，幼虫5龄，老熟幼虫体长26.5~37.5毫米，体呈淡黄绿色，体各节又分为3~4小节，被较厚的白粉，前胸在气门前上方有一狭长的黑条斑，沿体背升到另一侧气门上方。气门呈黑色，第1、第9气门特大。

竹红眼玛弄蝶蛹

蛹 体长19.5~25.2毫米，初化蛹呈淡黄色，渐变为乳白色，3天后前胸背板出现灰黑色，复眼为红色；随后头、胸部也为灰黑色，逐渐全身均为灰黑色。羽化前全体呈黑色，复眼呈红色。喙超出翅芽，达腹第6节末，翅芽基

部有1双棘状突起,背部两侧各有1枚较大的突起,上生有3簇丛毛。

发生时期

在广东省仁化县一年发生5代。11月下旬到12月上旬,以2~3龄幼虫于竹上在竹叶卷成的虫苞中越冬,虫苞被破坏,可以重建一次。越冬幼虫于3月上、中旬开始取食,4月中旬化蛹,4月底、5月初羽化成虫。各代幼虫取食期分别为5月上旬到6月上旬,6月中旬到7月下旬,7月下旬到8月下旬,8月下旬到9月下旬,10月下旬到次年4月下旬;各代成虫发生期分别为4月底到5月中、下旬,6月中旬到7月上旬,7月中旬到8月上旬,8月中旬到9月中旬,9月下旬到10月下旬。各代各虫态有重叠现象。

防治方法

参照"鱼尾竹环蝶"。

31. 竹真片胸叶蜂

学名为 *Eutomostethus deqingensis* Xiao。属膜翅目蔺叶蜂科。分布于我国江苏、浙江、江西等省。危害刚竹属中的主要竹种。1991年浙江省德清县初次发现危害毛竹,幼虫取食量大,严重危害致竹子枯死,被害竹林次年出笋减少,新竹眉围下降68%。

识别要点

成虫 体长6.6~8.2毫米,雄虫略小。体呈黑色,具蓝黑色光泽。头横置,呈黑色,稀布细刻点,唇基前缘中部呈弓形。复眼大,圆形,呈黑色;单眼3枚,呈三角形排列,呈深褐黑色。触角呈黑色,9节,触角沟深,第2节最短,第3节最长,末节较细。胸部呈黑色。翅呈淡烟黑色,前翅翅痣、翅脉呈黑色,膜质部略带黑褐色。足为烟褐色。

竹真片胸叶蜂成虫

卵 长椭圆形，长径约2毫米，短径约0.8毫米，呈翠绿色，孵化前为浅灰色。以4~6粒产于竹叶正面两侧的上表皮下，竹叶上表皮出现泡状隆起。

幼虫 初孵幼虫体长2.5毫米，体呈淡黄白色，幼虫6龄，老熟幼虫体长约23毫米，背呈淡绿色，头呈黄色，两颊各有1个大圆形黑色斑，胸部腹面呈淡黄色，气门呈淡黄色，可清晰地看见各气门间相连的气管。胸足呈淡黄色，跗节爪呈黑色，腹足呈淡黄白色，肛上板被黑色刚毛。

竹真片胸叶蜂卵

竹真片胸叶蜂幼虫

蛹 体长6.2~8.2毫米，初化蛹体呈淡黄绿色，腹呈翠绿色，足呈淡黄白色，后渐变为棕黑色，足的跗节白色。茧椭圆形，长径8.5~10.2毫米，胶质，外附泥土。

发生时期

在浙江省一年发生1代。以老熟幼虫在茧中越冬。老熟幼虫于次年4月下旬至5月初开始化蛹，5月上旬为化蛹盛期，5月中旬化蛹结束。5月上旬开始羽化成虫，5月中旬为羽化盛期，成虫羽化延至6月上旬。5月中旬到6月中旬成虫产卵。幼虫于5月下旬孵化，约经38~45天取食，7月上旬幼虫老熟，7月上、中旬落地入土结茧，7月下旬为老熟幼虫落地高峰期，以预蛹在土茧中越夏、越冬。

防治方法

(1) 合理经营竹林，保持竹林生物多样性：从20世纪50年代到80

年代初,在竹林中没有发现过有叶蜂。自1973年江苏、浙江、安徽三省竹螟大发生,仅湖州市被害竹林就有40多万亩,当时从用生物、物理方法到化学防治,从地面到天上,所有的防治方法均用了,生物群落遭到严重破坏。就这样连续大发生了3年,以后竹舟蛾虫口密度急剧上升,1973年在莫干山首次发现有叶蜂危害,1975年莫干山下严重危害竹林达400亩,此虫被定名为新种,被控制下来后也没有再发生过。所以竹林不要轻易施用农药,一定要周密调查、合理安排、因地制宜、低浓度施用农药,以保持竹林生物多样性。

(2) 保护天敌:常见有大杜鹃等鸟类、螳螂、猎蝽捕食叶蜂成虫、幼虫,落地幼虫易被白僵菌感染,幼虫结茧后发病而死。这些天敌对减少竹林虫口数量有很大的作用。

(3) 人工防治:叶蜂幼虫有假死性,当虫口密度高时,可在地面铺塑料薄膜,振动竹枝,将幼虫收集喂鸡或沤肥。

(4) 生物防治:当幼虫虫口密度高时,可喷用每毫升0.5亿~1.5亿孢子苏云金杆菌,效果很好。

(三) 竹枝、秆害虫

竹子枝、秆害虫亦称竹子嫩枝、幼秆害虫。其实有不少害虫对老竹的竹枝、竹秆也一样有危害,如竹卵圆蝽以取食老竹枝、秆为甚。枝、秆害虫约有5目近30科250种,多为刺吸式口器的昆虫,裸露危害,仅竹沫蝉隐蔽在自身分泌的泡沫中取食。危害竹子的同翅目、半翅目近400种昆虫中,约有2/3危害竹子的枝、秆,或者是既能取食竹叶,又危害竹枝、秆。咀嚼式口器昆虫种类很少,如竹红天牛既能危害竹子老秆,也能危害竹子嫩秆。

1. 竹尖胸沫蝉

学名为*Aphrophora borizontalis* Kat。属同翅目沫蝉科。分布于我国长江以南各竹产区。危害刚竹属各竹种。若虫在竹的小枝、嫩梢、叶柄上自身排出的白色的泡沫中取食汁液。被害竹轻者,常见竹叶枯黄、萎蔫、脱落;重者,落叶、枝枯、材质干脆,并影响次年出笋及竹材质量。该虫危害泡沫日益增大,

密集粘附挂在竹枝上，颇似人的痰、唾液。若虫转移，泡沫干后留下白色痕迹，并带蓝色闪光，亦似痰迹，令人恶心，尤其在风景旅游区，使游客生厌。

识别要点

成虫 体长7.5~9.8毫米，头宽3.8~4.0毫米。翅长过腹。初羽化时，体呈淡黄色，后渐变为黄褐色，有刻点。颊中有黑点1个。复眼呈烟黑色，有黄斑；单眼2枚，呈鲜红色；单、复眼间隐约可见黑斑1个。前胸背板两侧有黑斑4个，有的个体隐约或无。前胸后缘正中有较大黑斑1个，前翅为黄白色，翅基、翅尖呈烟黑色，或翅基部前缘1/4处和1/2处黑色，两者间有黄白色横带，在臀角处有1个黑斑，在翅尖部2/3处有1个月牙形白斑，后缘色浅。

竹尖胸沫蝉成虫

卵 长圆柱形，长径约1.5毫米，短径约0.4毫米，一头略尖。呈乳白色，光洁无斑。孵化前卵略增粗，上端破裂。

竹尖胸沫蝉老熟若虫

若虫 初孵若虫体长1.4毫米左右，头宽0.6毫米左右，体呈淡肉红色，半小时后头、胸部呈黑色，腹部仍为淡肉红色。头突出，前端圆球形；触角呈黑色，9节，复眼突出，呈黑色。足呈黑色，后足胫节末端内侧有刺1列。腹部膨大，以第2~5腹节最甚，末节截状。尾部突出微上翘。若虫5龄，老熟若虫体长6.7~8.2毫米，触角、复眼、前中胸、前翅芽、背线及胸腹部两侧均为黑色。

发生时期

在浙江省一年发生1代。10月中旬到11月上、中旬产卵于竹子枯枝、梢中越冬。次年4月上、中旬卵开始孵化，到5月初终止，孵化期约1个月。

若虫5龄，每龄若虫约生活1个月，到6月上旬若虫老熟羽化成虫，6月中旬若虫终见。成虫羽化后即爬或飞到竹梢嫩枝、梢上补充营养，在若虫发生处难以见到成虫，9月中旬成虫交尾，10月又飞回若虫发生处产卵，成虫期为6月上旬到11月中旬。

防治方法

(1) 加强竹林管理，清除林下衰弱小竹：竹尖胸沫蝉若虫喜在林下小杂竹、衰弱竹上取食，成虫才爬行或飞到大竹梢上危害，10月再回到林下小杂竹、衰弱竹上产卵，故应将竹林中或林缘存在的细小、衰弱竹在出土后拔除，减少沫蝉在其上产卵和取食，减少林间沫蝉的虫口数量。

(2) 保护天敌：竹尖胸沫蝉若虫隐于泡沫中，天敌较少，但有一种小鸟剥开泡沫取食幼虫，同时在泡沫中有一种盲蛇蛉的幼虫捕食沫蝉若虫；在成虫期由线纹猫蛛、松猫蛛取食成虫，这些均能起到抑制沫蝉虫口数量的作用。

(3) 药剂防治：竹尖胸沫蝉若虫对药剂特别敏感，当危害特别严重时，可以用内吸农药如乙酰甲胺磷原液加水1:1注射，每竹1毫升。

2. 居竹伪角蚜

俗名竹伪角蚜，学名为 *Pseudoregma bambusicola* (Takahashi)。属同翅目扁蚜科。分布于我国长江以南各产竹区。危害箣竹属中的各主要竹种。若蚜、成蚜群聚在当年出笋后已拔节的嫩竹竹梢、竹秆上取食，少见在竹叶上危害，终身不离去，被害竹上近节处大小蚜密集，长年不减，蚜虫分泌蜜露致竹叶感染煤污病。

受居竹伪角蚜危害枯死的孝顺竹

识别要点

无翅孤雌蚜　体长1.65~3.12毫米，宽卵圆形。浅或深紫褐色，被蜡质分泌

物。头与前胸合并，前部高度骨化，具小齿状突起，约有刚毛 20 根，额突顶端削尖。复眼由 3 个小眼组成，呈黑色，无单眼；喙短，触角短，4 节，呈浅黑色。前胸背板两侧向内凹陷，与后缘分离；中、后胸各具 2 对大晶刺，腹部背面具许多小晶刺。足短，呈浅黑色。

居竹伪角蚜无翅胎生蚜

有翅孤雌蚜 体长 2.01~3.86 毫米，体翅合长 4.5~5.0 毫米。卵圆形，呈黑色。头部光滑，额突极短或无额突。复眼大，呈红色，具眼疣；单眼 3 枚。触角短，5 节。前翅 2.81~3.82 毫米，中脉 1 分叉，后翅具 2 条倾斜脉和 2~3 个小钩。足细长。

居竹伪角蚜蛹

发生时期

在我国福建省、台湾省全年均有发生，以夏季繁殖最盛。浙江省以前没有此蚜的存在，近年来，由于气候变暖及引种频繁，此蚜随引种带入。在浙江省富阳市一年发生 20 代左右，至 12 月，气温下降，此蚜越冬，在竹秆上消失。2002 年 12 月，虽然气温已下降到-1℃，此蚜仍群聚在嫩竹秆上，仅欠活跃而已。12 月中旬气温下降时，产生有翅孤雌蚜，但数量不多，隐于无翅孤雌蚜群中，不易发现。2 月底多雨，对该蚜虫虫口数量下降影响极大。

天敌食蚜蝇成虫

防治方法

(1) 人工防治：该虫群集在竹秆上取食、繁殖，只要蚜的口器刺入竹内，就终身不离开，竹秆上蚜虫密集。危害部位较低，可以用毛刷或草把将蚜虫刮下。离竹的蚜

虫，不会再上竹。

(2) 保护天敌：该蚜虫群集危害，天敌多，以蚜灰蝶、食蚜蝇、瓢虫为常见。只要在蚜群中有一只食蚜蝇，很快一片蚜虫就会被食尽。

竹 蝽

在竹子上取食的蝽有蝽科、缘蝽科、长蝽科害虫20多种，均以刺吸式口器在竹子大小枝、秆上取食，危害严重者，造成竹子枯死。现仅介绍以下5种：竹宽缘伊蝽、薄蝽、竹卵圆蝽、黑竹缘蝽和竹后刺长蝽。

3. 竹宽缘伊蝽

俗名秉氏蝽，学名为 *Aeneria pinchii* Yang。属半翅目蝽科。分布于我国河南省以南各产竹区。危害刚竹属、箣竹属中的各主要竹种。成虫、若虫在竹嫩枝枝杈处，竹小、大枝的节上及竹秆上吸取竹子汁液，造成竹子落叶及部分小枝、大枝枯死，影响次年竹林出笋数量和新竹成材质量。连续数年危害，可致竹林荒芜。

竹宽缘伊蝽成虫

识别要点

成虫 体长9.5~12.4毫米，宽5.5~6.2毫米，体呈淡绿色，密布均匀的黑色刻点。头为等边三角形。复眼呈黑褐色。触角5节，呈棕黄色，末节呈黑色。前胸背板侧缘呈白色。体、翅侧缘有白色的边，前翅硬片呈淡紫褐色，径脉以外的区域为淡黄白色，膜片呈淡烟黑色。

竹宽缘伊蝽近孵化的卵

卵 桶形，直径1.2~1.3毫米，卵盖直径1.0毫米，高1.4~1.6毫米。初产呈淡绿色，随即变为乳白色。孵化前卵盖上出现6个红斑，4个呈正方形排列，2个为倒“V”字形纹，列在正方形的一侧；同时，在倒“V”字

形纹处显出 1 个三角形黑色纹。

若虫 体长 8.8~10.7 毫米，宽 5.4~6.2 毫米，体呈翠绿色。头为等边三角形。触角 4 节，棕色，末节呈黑色。复眼呈黑褐色。前胸背板侧缘呈白色，体、翅芽侧缘有白色边，腹部每节白边内有黑色长条纹。

竹宽缘伊蝽 2 龄若虫

发生时期

在浙江省一年发生 1 代。以成虫在枯枝、落叶下地被物中越冬。次年 3 月中、下旬至 4 月上旬成虫上竹活动取食，4 月中、下旬交尾。每次交尾后，雌成虫可产卵 1~2 块，5 月中旬为产卵高峰期。卵经 7~12 天可以孵化，若虫经 50 天左右老熟羽化成虫，若虫期为 55~65 天。成虫夏天很少活动，7 月底到 11 月成虫落地越冬。

防治方法

竹基涂油防治

(1) 保护天敌：危害竹的蝽科害虫的天敌较多，捕食性动物有鸟类、蜘蛛；捕食性昆虫有螳螂、猎蝽、步甲、虎甲、弓背蚁；寄生菌有白僵菌等。捕食或寄生成虫、若虫，卵期有黑卵蜂寄生，在产卵盛期寄生率达 45%，产卵末期寄生率高达 75%，对抑制蝽的虫口数量起到重要作用，因此在卵期不能用药。

(2) 黄油阻隔法：在浙江省 4 月上旬竹宽缘伊蝽若虫上竹，用复合钙基润滑油(黄油)1 份、机油 1 份加 1%的任何杀虫剂调匀，在竹秆基部涂宽约 15 厘米的环，可阻止越冬若虫上竹取食，有的若虫被粘在油上，大多若

虫饿死在竹基部。

(3) 捕捉上竹取食的若虫：若虫有假死性，自制一边有凹口的塑料捕虫网在竹秆上推捉。若虫自动落入网中，并被自排臭液毒死。

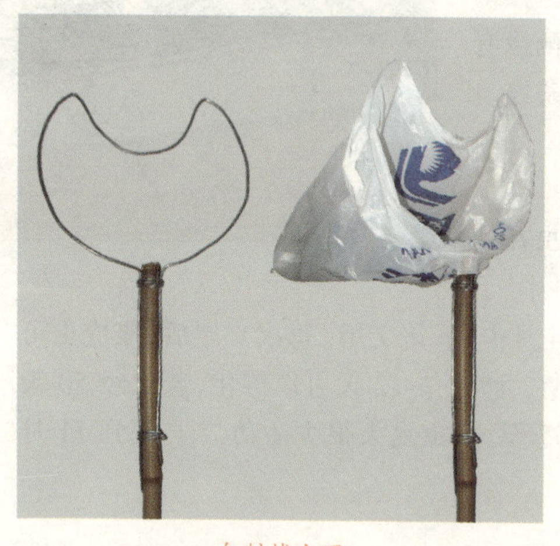
自制捕虫网

在毛竹秆上捕虫

(4) 药剂防治：若虫上竹前，可在竹秆下部50厘米处喷8%的绿色威雷触破式微胶囊200倍液一圈，湿润即可。若虫爬行上竹触破微胶囊，即中毒死亡。当虫口密度特大、危害较重时，可以用内吸农药如乙酰甲胺磷原液注射，用量为每竹1毫升。

4. 竹薄蝽

俗名扁体蝽，学名为*Brachymna tanuis* Sta。属半翅目蝽科。分布于我国河南省以南各产竹区。危害刚竹属各竹种。3龄前小若虫在竹小枝的节上、竹嫩枝枝杈处及竹叶上吸取竹子汁液，3龄以上的大若虫在竹秆、大枝的节上取食，虫口密度特别高时，亦能使被害竹子整株枯死，并影响次年竹林出笋数量和新竹成材质量。

识别要点

成虫 体长14.0~17.5毫米，宽5.5~7.5毫米。体很扁，呈淡黄褐色至灰

褐色,有灰色刻点,头为锐三角形前端缺口状。触角呈深黄色,第4节末端渐黑,第5节基半部呈白色,末端呈黑色。前胸背板前缘呈“凹”字形,两侧角锯齿状。小盾片基缘有横列的小黑点4个,中间有黑点2个。膜翅片色淡、透明。足黄白色,有较多的大小不一的褐色圆斑。腹面淡黄色第3、第5腹节腹面中央有“V”形黑纹。

竹薄蝽卵

卵 桶状,卵盖直径约1毫米。呈淡黄色至黄色,孵化前在卵盖正中出现一列3个鲜红斑,下方出现2个淡红斑,上方有1个三角形的黑色纹。卵块有卵14粒,卵粒多数以3-4-4-3粒4行交错排列,也有少数以4-5-5粒3行交错排列。

竹薄蝽若虫

若虫 初孵若虫体长约2.5毫米,呈淡黄白色。老熟若虫体长10.5~12.7毫米,体呈枯黄色,窄长,很扁。头侧叶前端尖,前端缺口状,中叶缩进,中叶沟呈黑褐色。复眼黑色,复眼前方有1对尖角。触角呈黄白色。前胸背板侧角处突出,呈一较大的尖角,侧缘呈黑色,背面有黑色刻点,翅芽同体色。腹部背面臭腺痕呈黑色,气门呈黑色,具红色、黑色刻点。腹部侧缘呈黑色,末节后端内陷。

发生时期

在浙江省一年发生1代。以成虫越冬。次年4月上旬气温略高时,成虫开始活动,在竹枝上补充营养;天阴雨、气温下降时,爬入落叶下隐蔽休息;4月中、下旬开始交尾产卵。卵产于竹叶背面,经8~12天孵化,初孵若虫围

于卵壳四周停息、不取食，2 龄若虫分散危害，若虫需经 50~60 天老熟羽化成虫，7 月下旬、8 月上旬爬入箨内、落叶下越夏，9 月下旬到 10 月上旬上竹取食，11 月中、下旬于地面落叶下越冬。

防治方法

参照“竹宽缘伊蝽”。

5. 竹卵圆蝽

学名为 *Hippotiscus dorsalis* (Stal)。属半翅目蝽科。分布于我国各竹产区以及印度等国。危害刚竹属各竹种。若虫、成虫在竹子大小枝条的节上、主秆节的上下群集吸取汁液，造成竹子被害枝节以上的枝条落叶枯死。虫口密度大时，竹子上出现大量枯枝或竹子全株死亡。被害严重的竹林，毛竹枯死率高达 76%。

识别要点

竹卵圆蝽成虫交尾状

成虫　体长 13.5~15.5 毫米，背面隆起颇高。呈灰褐色、青褐色，密布黑色刻点，被白粉。复眼呈暗红色，触角 5 节黄褐色至黑褐色，末节基半部呈黄白色。小盾片末端有黄白色月牙形斑，无刻点。体腹面呈黄色，气门呈黑色。足呈淡黄色。

竹卵圆蝽卵

卵　桶形，高约 1.4 毫米，卵盖直径约 1.0 毫米。淡黄色，块产，每卵块有卵 14 粒，以 2 行交错排列产于竹叶背面。卵近孵化前，在卵盖一侧出现 1 个三角形的黑边，中间被 1 条黑线垂直均分为二。在三角形两底角下方各有 1 个椭圆形红点。

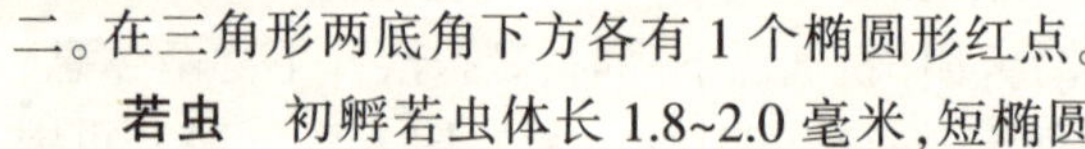

若虫　初孵若虫体长 1.8~2.0 毫米，短椭圆

形,呈黄白色。头三角形,复眼圆形,呈暗红色;触角4节,足跗节浅黑色。老熟若虫体长9.5~13.0毫米,若虫5龄,2~5龄若虫体呈棕黄色。触角呈乳黄色,末节呈浅黑色,复眼呈褐色,触角4节,呈灰黑色,中后胸侧缘呈黑色,并延伸到腹末形成黑色“V”字形斑,腹部侧缘呈浅黄色。

竹卵圆蝽3龄若虫在竹秆上取食

发生时期

在浙江省一年发生1代。以4龄若虫于10月底、11月上旬越冬,即日平均气温下降到10℃左右时若虫坠落地面,爬入地被物下越冬,少数2~3龄若虫越冬者,死亡率较高。次年4月上、中旬,待天气变暖时,越冬若虫开始活动,从竹子基部爬行上竹,在竹节处取食,遇湿度太大或降雨时,停止上竹;若气温下降,已爬行上竹的若虫会再坠落地面隐息,待气温上升时再爬行上竹。5月底至6月上旬羽化成虫,6月中旬交尾,6月下旬为交尾高峰期,7月中旬为产卵高峰期,成虫于10月上旬绝迹。

防治方法

参照“竹宽缘伊蝽”。

6. 黑竹缘蝽

学名为*Notobitus meleagris*(Fabricius)。属半翅目缘蝽科。分布于我国长江以南各产竹区以及印度、缅甸、越南、新加坡等国。危害刚竹属、箣竹属、绿竹属、苦竹属、牡竹属中的各主要竹种。在浙江省危害毛竹、苦竹,虫口密度高时一株嫩竹上有虫数百只,被害嫩竹干瘪,甚至枯死。

识别要点

成虫 体长18~25毫米,宽6.5~7.0毫米,呈黑褐色至黑色。被黄褐色

黑竹缘蝽成虫

短毛，头短，触角基部3节几乎等长，第4节基半部淡色，余为黑色。复眼突出，呈黑褐色；喙呈黑褐色，伸达中足基节间。前胸背板、小盾片密布粗刻点；前胸背板具“领”，呈黄褐色，有浅横皱纹，前缘内凹，后缘中央内凹，侧角圆，不突出；前翅革片呈黑褐色，膜片呈烟褐色，超过腹末。气门呈黑色，其周围色浅。

卵 扁椭圆形，长径1.48~1.64毫米，短径1.16~1.32毫米。初产时呈金黄色，具金属光泽，后呈暗铜黄色。卵以2排交错相嵌、纵向产于竹小枝上、竹叶背面及杂灌木上。

若虫 初孵若虫体长约3.5毫米，呈黑褐色，触角长于体，足细长。老熟幼虫体长19~21毫米，呈黑褐色或淡灰褐色，触角呈黑色，第4节基半部呈锈黄色。前胸背板中区、小盾片、翅芽基部呈黑褐色，臭腺孔呈黄色，其周围呈黑色。腹部侧缘呈黄色。

黑竹缘蝽卵

黑竹缘蝽3龄若虫

 发生时期

在浙江省一年发生1~2代。以成虫越冬。4月下旬、5月初越冬成虫上笋取食，约5月中旬到6月上旬产卵，若虫5月下旬到6月中、下旬取食，6月底羽化成虫，补充营养越夏、越冬；其中少数于7月上旬产卵，7月中旬第2

代若虫危害，8月产生成虫越冬。在广东省一年发生5代，3月底越冬成虫开始活动，4月上旬上竹取食并交尾，4月中旬开始产卵，4月下旬若虫孵化并上竹危害，约经30~40天，第1代若虫老熟并羽化成虫。以后各代发生期依次为6月中旬至7月中旬、7月中旬至8月中旬、8月中旬至9月中旬、9月中旬至次年4月中旬，基本上为1个月1代，世代重叠。

防治方法

参照“竹宽缘伊蝽”。

7. 竹后刺长蝽

俗名竹斑长蝽，学名为 *Pirkimerus japonicus*(Hidaka)。属半翅目长蝽科。分布于我国长江以南各竹区以及日本等国。危害刚竹属中的各主要竹种。成虫从竹秆部被竹笋夜蛾、竹黄大草螟等危害的虫孔及各种兽害、机械伤口的小孔洞钻入，在竹秆竹腔内产卵，孵化后若虫在竹腔内取食。成虫在竹腔内补充营养，并交尾、产卵，继续危害，部分成虫从原孔口爬出交尾后，另找有虫孔的竹钻入产卵危害。被害竹竹材枯脆，竹材利用率下降，被害严重者会枯死。

识别要点

成虫 体长7.3~9.5毫米，初羽成虫体呈乳白色，后变为黑色，略有光泽。头、触角、胸、足、前翅基部及腹侧均具淡黄色长绒毛。头呈黑色。复眼呈棕黑色，单眼呈棕黄色。触角4节。前胸背板正中略凹陷，后部稍隆起，密布大小不一的刻点，后缘向前弯曲呈弧形。前翅呈黑色，翅基部为三角形的黄白色斑，雄虫翅中为一较宽的横带，雌虫为2个黄白色斑。腹部呈黑色，末节背面平截，露于翅外。足呈淡黄色。

竹后刺长蝽成虫

竹后刺长蝽卵

卵 长卵圆形,长径1.15~1.40毫米,短径0.32~0.45毫米,两端稍尖,不弯曲。呈乳白色,表面光滑,细腻,有光泽,渐变为乳黄色,孵化前一端出现淡黑色。

若虫 初孵若虫体长约1.6毫米,长卵圆形,呈乳白色,中胸以前到头部略显淡黄白色;复眼呈淡黄色;触角3节,各节等长。2龄若虫体乳白色,3龄若虫中胸以后体两侧较平行,呈乳白色;复眼呈鲜红色,稍突出,翅芽初显。4龄若虫头、胸部呈淡黄色,腹部呈乳黄色,头顶正中呈圆形隆起;复眼呈鲜红色;触角4节。老熟若虫体长7.5~7.9毫米,长柱形,头、胸部呈淡黄色,腹部呈乳白色,头顶正中呈"Y"字形隆起;复眼暗红色、突出,两单眼分布于"Y"字形下部两侧,呈鲜红色;触角4节,末节最长,纺锤形;前胸背板两侧正中各有1个圆形斑,前翅芽达第3腹节前缘;后足腿节内侧有2排小刺。

竹后刺长蝽3龄若虫

发生时期

竹后刺长蝽在竹腔中隐蔽生活,一年发生几代报道不一。据不完整的记载,在浙江省一年发生2~3代,以卵、各龄若虫及成虫越冬,次年3月下旬开始活动,各虫态发生极不整齐,随时剖开竹腔,几乎都能见到成虫、卵和各龄若虫。曾于4月、6月、8月、10月剖开被害竹的竹腔,都能观察到卵、1~5龄若虫和成虫。各虫态发育时间,卵需15~25天孵化,若虫需60~80天老熟,成虫寿命约6个月。以成虫越冬者,有可能一年发生3代。

防治方法

参照"竹宽缘伊蝽"。

8. 竹瘿广肩小蜂

俗名竹广肩小蜂，学名为 *Aiolomorphus rhopaloides* Walker。属同翅目广肩小蜂科。分布于我国长江以南各产竹区以及日本等国。危害毛竹，迄今还未发现该虫危害其他竹种。在毛竹换叶年的老竹脱叶完毕、新叶芽萌动膨大成形后，成虫在叶芽基部产卵，每芽被产卵 1~3 粒，最终 1 个叶柄内能保存 1 头幼虫，成虫产卵较集中，1 个竹小枝的叶芽基本上都能被产卵。幼虫在叶柄中取食，被害叶柄受刺激逐渐增生，增长、增粗、畸形膨大，幼虫在虫瘿中取食叶柄内壁。在虫口密度大时，毛竹叶柄大多被害，造成竹枝负重过大、弯梢、落叶、竹枯，竹材利用率下降，竹林次年出笋减少。

广肩小蜂

在竹子上取食的广肩小蜂有 10 余种，以竹瘿广肩小蜂和刚竹泰广肩小蜂危害最重，现仅介绍这 2 种。

被竹瘿广肩小蜂危害的竹枝

识别要点

成虫 体长 7.5~8.5 毫米，呈黑色，有光泽，散生灰黄白色的长毛。头横置，复眼呈黑色，单眼呈钝三角形排列，呈黑褐色；触角长，11 节，鞭状，着生颜面中部，柄节、梗节、棒节末端呈红褐色。胸部厚实略膨起，背板密布刻点，前胸大，宽为长的 1.5 倍，中胸盾纵沟明显；胸腹节平坦下凹有中纵沟。翅透明，呈淡黄褐色，翅基片、翅脉呈红褐色，前翅痣脉长约为缘脉的一半，后缘

竹瘿广肩小蜂成虫

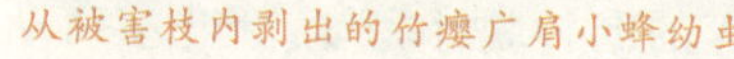

从被害枝内剥出的竹瘿广肩小蜂幼虫

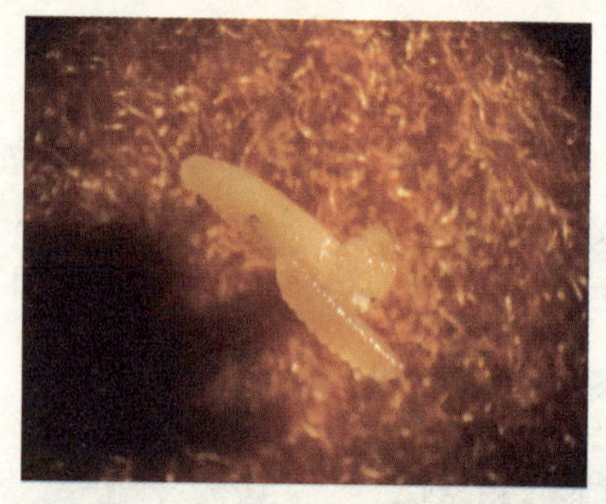

解剖镜下竹瘿广肩小蜂幼虫及长尾小蜂幼虫

脉略短于缘脉，为痣脉的1.6~1.7倍。腹面呈橙黄色。

卵 长蝌蚪形，卵体为短梭形，两端生出柄，一端短似头，一端很长似尾，乳白色。全体长约2.22毫米，卵体长约0.45毫米，卵体宽约0.18毫米。

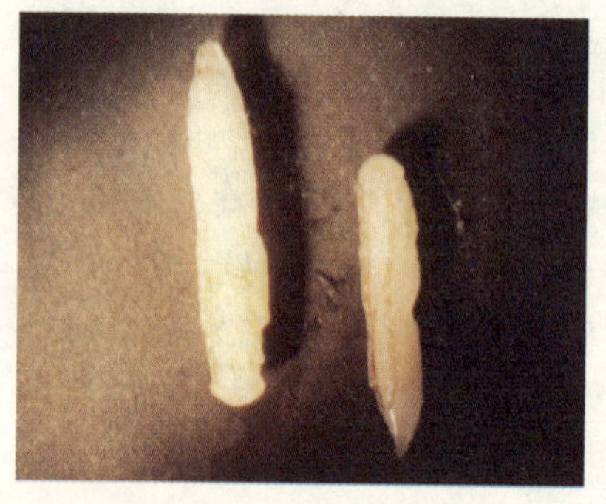

竹瘿广肩小蜂蛹

幼虫 初孵幼虫体长0.8~1毫米，呈乳白色。幼虫5龄，老熟幼虫体长7~9毫米，体呈乳白色，被短绒毛，口器呈黑褐色。

蛹 体长7.5~9.5毫米，初化蛹呈乳白色，羽化前头、胸及腹部背面呈黑色。

发生时期

在浙江省一年发生1代。以蛹越冬。次年2月中旬，开始羽化成虫，3月中、下旬为羽化盛期，4月中旬羽化完毕，羽化后成虫在虫瘿中静息。3月中、下旬，日平均气温持续稳定在10℃以上时，成虫开始出瘿，3月底、4月初出瘿最盛，5月上旬终见。卵期出现于3月底到5月上旬。幼虫4月初始见，4月下旬至5月初盛发，9月上、中旬幼虫老熟，并开始化蛹越冬。

防治方法

(1) 加强竹林管理，保持竹林合理密度：广肩小蜂均喜爱强光，向阳的

竹林林缘及稀疏的竹林危害特别严重。竹林砍伐不要过度，保持竹林合理的密度，可以减轻危害。

(2) 保护天敌：在广肩小蜂的虫瘿中，曾见到有6~7种小蜂寄生。还有鸟常啄破有小蜂的叶柄取食小蜂幼虫，维护竹林生态，保持这些天敌的存在，可以减轻广肩小蜂的发生。

(3) 药剂防治：危害特别严重的竹林，在5月上旬用内吸农药如乙酰甲胺磷原液注射，每竹1毫升。迟于5月中旬，效果不好。

9. 刚竹泰广肩小蜂

学名为 *Tetramesa phyllostachitis* Gahan。属同翅目广肩小蜂科。分布于我国长江流域南岸主要竹区以及日本、美国等国。危害刚竹属中的小径竹种类。在春季换叶时、老竹叶脱落后、竹小枝上新竹叶潜芽刚萌发时，成虫羽化从小枝的叶柄中爬出，竹叶同时抽出，成虫产卵于新竹叶的叶柄内。幼虫在叶柄内取食，刺激叶柄增长、膨大、增粗，竹叶逐渐脱落，光合作用减弱。成虫羽化后从叶柄上咬孔飞出，叶枯死。被害竹子生长欠佳，竹材干脆，材质下降，利用率低。

竹枝受害状

竹泰广肩小蜂成虫

识别要点

成虫 雌虫体长7.6~8.2毫米，雄虫体长约7.0毫米，呈黑色，有光泽，散生黄白色长毛。头横置，宽大于长；触角生于颜面中部，鞭状，较长，几乎与头、胸合并等长，柄节、梗节大部呈黄色至红褐色；复眼突出，呈银灰黄黑色，光滑无毛，单眼呈钝三角形排列。前胸大，宽为长的1.5倍，中胸盾纵沟前端明显，

刚竹泰广肩小蜂虫瘿

后方消失。翅透明,脉呈淡黄褐色,被褐色毛,前翅缘脉粗大,长为翅痣的2.3倍,后缘脉略短于缘脉,约为翅痣的2.0倍。胸部与腹部等长,这个特征是与本属竹泰广肩小蜂的重要区别。

幼虫 初孵幼虫体长约1毫米,呈乳白色,体节分辨不清。老熟幼虫体长约7.5毫米,呈乳黄色。

蛹 体长5.2~6.2毫米,呈乳白色。头横置;复眼大,突出。中胸背沟深,腹部长于头胸部,为头胸部的1.6倍。后足跗节在第4腹节末。

发生时期

在杭州市一年发生1代。以蛹越冬。3月底、4月上旬羽化成虫,4月下旬、5月上旬成虫在换叶后新萌发的竹叶叶柄内产卵,5月上旬出现幼虫,幼虫取食竹叶柄内壁,促使叶柄增长、增粗,1个叶柄内有幼虫3~5条,各自封密,有各自的虫室,10月下旬幼虫老熟化蛹越冬。

防治方法

参照"竹瘿广肩小蜂"。

(四)竹材害虫

危害伐倒竹及以竹为原材料加工的产品、工艺品的害虫,称为竹材害虫。在生产上,有些竹材害虫也能危害活的立竹,如竹紫天牛,此处竹材害虫仅借习惯用法。危害竹材及竹制器的害虫有3目10科80余种,最常见的有长蠹、粉蠹、天牛、白蚁等。此类害虫的危害方式均为钻蛀性危害,以成虫产卵在竹材表面、表面伤口或成虫咬穿竹壁钻入产卵,幼虫孵化后取食危害;部分长蠹及粉蠹产卵于竹子的纵、横断面甚至纤维的导管中,幼虫孵化后钻入危害。伐倒竹、工厂堆集待加工的原材料、农家日用的圆竹农具和家具、大型竹材建筑的体育训练场地、竹制亭台、长廊及工艺品等常被蛀空倒塌。

1. 竹绿虎天牛

俗名竹虎天牛，学名为 *Chlorophorus annularis*(Fabricius)。属鞘翅目天牛科。分布于我国各地以及日本、泰国、越南、缅甸、印度、马来西亚、印度尼西亚等国。危害刚竹属、簕竹属、绿竹属、苦竹属、牡竹属中秆径较细竹种的竹材。幼虫在竹青下取食竹肉(中心材)，竹子外形没有什么变化，但竹子在竹青与竹黄间蛀道纵横，内充满蛀屑、粪便，失去支撑能力。

识别要点

竹绿虎天牛成虫

成虫　体长 8.5~18.2 毫米，初为黄绿色，渐变为黄棕色。头呈绿色，头顶、额密被黄绒毛，两颊为白色绒毛，复眼呈深褐色，两颊在复眼外侧有 4 枚小黑斑，触角 11 节，呈棕黄色。前胸近圆球形，前后缘有卷边，呈黑色，背面密被黄色绒毛，两侧密被黑色绒毛，腹面密被白色绒毛，并从前缘绕过两侧到背面。鞘翅密被黄、黑色绒毛，端半部有 1 个占翅 3/8 的黑色长圆环，向后有 1 个较宽的黑横斑，再后占翅 3/8 处有 1 个近圆形黑斑，翅中宽的黑横斑外侧向上弯，尖端与长圆环相接，向下弯尖端与圆形斑相连，内侧向上弯至后缘上方，中间也拖出一角直达后圆形斑。

竹绿虎天牛幼虫

卵　长卵圆形，长径约 1.2 毫米，短径约 0.5 毫米，呈乳白色，卵壳光滑，有光泽。

幼虫　初孵幼虫体长约 2.6 毫米，呈乳白色，半透明。老熟幼虫体长13.5~

竹绿虎天牛蛹

21.0毫米,前胸宽3.0~4.5毫米,呈乳白色,圆筒形,略扁,头为微黄色,大颚黑色,触角呈黄白色。前胸背板布刻点,正中微见1纵沟痕将背板分为2块,前缘为深黄色,前胸最宽,以后各节渐细。

蛹 体长9.5~16.8毫米,呈黄白色,第2腹节起背中线两侧及后缘1/4处有棕红色鬃,腹末第1、第2节鬃更长,呈钩状,色也深。翅芽尖端抵达第3腹节末,后足腿节抵达第5腹节末。

发生时期

在浙江省富阳市一年发生1代,少数2~4年发生1代。以老熟幼虫及未成熟幼虫越冬。在浙江省4月底、5月上旬化蛹,5月中旬羽化成虫。成虫多在晴天中午飞行,寻偶交尾,成虫交尾时多双双停息在竹秆上,受惊可双双飞去,在飞行中交尾。5月下旬至6月上旬产卵,卵产于新伐竹或隔年伐竹的竹秆节的上下蜡质层或污物下,仅略有外露,卵约经12~20天孵化,并即蛀入竹皮下食。由于伐倒竹失水,幼虫发育缓慢,经2~4年幼虫成熟,与正常发育的成虫羽化期的相同时间成虫羽化飞出。

防治方法

(1) 根据竹材的用途,选择伐竹竹龄、时间:现代竹材加工逐渐机械化、工业化,受到热处理、胶粘合及化学处理,其产品少受昆虫的危害。而农用圆竹家具、农具,如桌、椅、书架,农具篙、柄,瓜果、蔬菜的棚架,晒衣竿等无法受到上述处理,昆虫危害也重,就要考虑防和治的问题。根据竹子生长及竹子秆内纤维化程度与养分转化与积累情况,应采伐6年以上的竹,4~5年生竹太嫩,含水分、养分多,易被虫蛀。冬天采伐的竹少蛀,7月可少采伐一些,补充用材的不足。采用北坡竹,可以减少和避免虫害。

(2) 集材防护:砍伐、运输竹材应尽量减少摩擦创伤,竹材应集中堆放,堆放时要整齐,下面要有垫木,上盖草帘等物。堆集场地应禁用竹材、残次竹搭成的简易小棚,应远离竹篱笆等有陈竹堆集的场所。

(3) 伐竹处理：清水久浸、石灰水浸泡、夏日曝晒，可以防虫蛀。

2. 竹拟吉丁天牛

俗名叉尾吉丁天牛，学名为 *Niphona furcata*(Bates)。属鞘翅目天牛科。分布于我国河南省以南各省以及日本等国。危害刚竹属、箣竹属、绿竹属、苦竹属、牡竹属中秆径较细竹种的竹材。因成虫喜爱在直径 2 厘米以下、较细的当年伐竹上产卵，一般多危害以竹为瓜、豆、蔬菜做支撑的棚架，竹篱及竹的大型建筑物中的小结构物的材料等。初孵幼虫在竹腔内壁取食，逐渐蛀入竹黄内，蛀道很浅，随幼虫长大，蛀入竹材，蛀道及竹腔内充满蛀食细屑及粪便，竹材被蛀空，造成瓜豆棚架倒塌、工艺品损坏。

识别要点

成虫　体长 12.5~22.8 毫米，鞘翅基宽 3.2~4.8 毫米。呈灰褐色，被灰白、浅黄色绒毛。头密被灰白、灰黄色绒毛，复眼圆形，呈漆黑色，触角着生于复眼上方，11 节，被灰白和灰黄色绒毛，各节下缘具缨毛。前胸长大于宽，无侧刺突，背板中央有纵形脊纹，约占长的 1/2，鞘翅在基部近中缝处有一脊状隆起，其上有一丛竖立的长绒毛，两脊突之后，常有“八”字形的淡色毛斑，鞘翅基部纵形隆起，尾端外侧向后延伸，呈叉尾状。

竹拟吉丁天牛成虫

卵　长卵圆形，长径 2.8~3.4 毫米，短径 0.6~0.7 毫米，呈乳白色，半透明，有光泽。卵壳极薄，柔软。

幼虫　初孵幼虫体长约 2.5 毫米，呈乳白色，半透明。老熟幼虫体长 22~34 毫米，头呈白色，大颚深褐色，额中沟呈浅棕色。前胸宽 3.4~5.2 毫米，呈白色或乳黄色，无背中沟，背板后半部呈乳白色，具“凸”字形纹。

蛹　体长 15~22 毫米。头顶平，呈黄白色，具额中沟。

发生时期

在浙江省一年发生1代。以成虫在被害竹秆内蛹室中越冬。4月中、下旬，在晴天中午成虫爬出飞行，并交尾，4月下旬开始产卵，约经12~18天孵化。初孵幼虫即蛀入竹皮下取食，幼虫于10月中、下旬老熟并化蛹，11月中旬开始羽化成虫越冬。

防治方法

参照“竹绿虎天牛”。

3. 竹紫天牛

俗名竹红天牛，学名为 *Purpuricenus temminckii* Guerin-Meneville。属鞘翅目天牛科。分布于我国各产竹区以及朝鲜、日本等国。危害刚竹属、箣竹属、绿竹属、苦竹属中的粗秆种类。春天成虫在立竹上部寻适宜部位产卵，卵产于竹节上下10厘米范围内秆上，幼虫孵化后直接钻入竹秆内取食危害。1株毛竹中有幼虫60余条。对伐倒竹，成虫在竹秆上产卵或在竹秆伤口处产卵，初孵幼虫从竹秆蛀入竹青下危害，取食竹肉，被害竹材内纵横被蛀成孔洞，蛀屑、虫粪堆于竹腔内，竹材失去利用价值。

竹紫天牛成虫

识别要点

成虫 体长11~19毫米。头呈黑色，唇基呈黄色；复眼在触角外方，呈黑色；颊部被白色绒毛；触角呈黑色，11节，雄虫为体长的1.5倍，雌虫长达鞘翅后缘。前胸横置，背板呈红色，两侧以下黑色，背板上有5个黑斑，前2后3，后缘正中黑斑处可见一瘤状突起，两侧有瘤状侧刺突。小盾片呈黑色。鞘翅呈红色，肩部有纵向突起。胸、腹部腹面呈黑色。

卵　长约2.5毫米，长卵圆形，乳白色，卵面光洁。

幼虫　初孵幼虫体长约3毫米，乳白色，侵入竹秆孔约2毫米。老熟幼虫体长25.5~34.5毫米，幼虫前胸背板宽5.8~7.5毫米，体呈淡黄色，头呈浅橙黄色，大半缩于前胸内，大颚呈黑色。前胸背板呈白色，硬皮板占背板约1/3，呈棕黄色，被背线平分为二，侧面也各有1块硬皮板，硬皮板后有颗粒状刻点。

竹紫天牛幼虫和蛹

蛹　长17~22毫米，初化蛹呈乳白色，后为黄白色。头向前倾斜，前胸将头遮去大半。复眼长卵圆形，竖置。触角从复眼内侧中部伸出，前胸侧观为倒三角形，后缘正中有一瘤状突起，两侧有瘤状侧刺突。腹部背中线清晰，翅芽达第3、第4腹节间，后足腿节末达第4、第5节间。

发生时期

一年发生1代，少数两年发生1代。以成虫在竹材中越冬，也有以幼虫越冬的。据调查：在浙江龙泉竹紫天牛危害雷竹者为两年发生1代，以成虫与幼虫在竹枝、秆内越冬。成虫寿命长达210~230天，春天当日平均气温在15℃以上，约4月中旬时，成虫开始从竹秆蛀道中蛀孔钻出，并交尾、产卵，4月下旬至5月上旬为产卵盛期。卵经15~25(21)天孵化，5月中、下旬至6月初出现成虫，幼虫期需270天以上，8月中、下旬开始化蛹，9月中、下旬开始羽化成虫，羽化期为20~30天。

防治方法

参照“竹绿虎天牛”。

二、竹子病害

在竹子上微生物寄生、线虫危害、日灼以及缺少元素，显现生长不正常的状态，都属竹子病害。竹子病害种类很多，现仅介绍在竹林中常见、危害严重的几种，供生产上应用。

1. 高节竹梢枯病

学名为*Arthrinium Phaeospermum* Yu.。属半知菌亚门，丝孢纲，节菱孢属暗孢节菱孢菌。危害刚竹属中的主要竹种。分布于我国浙江省主要竹产区。自20世纪90年代来，该病危害严重，被害轻者引起枝枯、梢枯，严重的可导致全株枯死，直接影响竹农的经济收入。

病害症状

该病危害当年新竹。病菌从主梢、枝梢节叉处和竹秆侵入，病斑为点状、条状、梭形状或不规则状的黄色病斑，并不断扩大，颜色加深，由黄色变成紫色，由紫色逐渐变成紫褐色至黑褐色，进一步扩展引起枝枯、梢枯，侵染点增多，造成叶子萎蔫、纵卷，变枯黄而脱落，扩展速度快的可导致全株枯死。剖开病竹，竹腔内组织发褐，有白色棉絮状菌丝体，后期病部灰白，在病部表面上有黑色粉状物(即病菌的分生孢子堆)。

高节竹梢枯病为害状

高节竹梢枯病发病症状

高节竹梢枯病发病症状

发生规律

病菌以菌丝体在病组织中越冬，菌丝多年生，每年病斑不断扩大，第2、第3年扩展快。孢子一般4月开始成熟，5月上旬至6月上旬新竹展叶时，分生孢子借助风传播，从伤口侵入或直接侵入，潜育期1~2个月，8月开始发病，9~10月是发病高峰期。危害严重的竹株，当年出现枯枝、枯梢、枯株，发病较轻的竹子大多在第2、第3年的5~6月或9~10月出现枯枝、枯梢、枯株。孢子在竹林中一年可产生多次，由于其他时间新竹纤维已木质化，侵入较难，不易被侵入危害。病害的发生一般土壤肥力高，发病重，由石灰岩发育来的土壤发病重。在同一片竹林中，高节竹发病最重，而雷竹、尖头青发病其次，红壳竹高度抗病。竹林密度大，发病严重。5~6月放枝展叶期，雨水多，7~8月干旱，病害严重。

防治方法

(1) 加强检疫，禁止有病母竹运往新区种植，防止用病株、病梢、病枝筑篱笆等作为露天用物，以免产生病菌孢子传播蔓延。

(2) 每年的冬季或早春清理病枝、病梢、病株，集中于林外烧毁，减少侵染源。平时要加强竹林经营管理，防止竹林过密，可减少病害发生。

(3) 在病菌侵入期(即5月下旬至6月上、中旬)用50%的多菌灵可湿性粉剂或70%的甲基托布津可湿性粉剂800~1000倍的浓度隔一周喷1次，连续防治3~4次，可取得良好的防治效果。

2. 毛竹幼竹秆(笋)基腐烂病

俗称毛竹烂脚病、枯萎病、烂蒲头病，学名为*Fusarium moniliforme* Sheld.。属半知菌亚门、丝孢纲、瘤座孢目、瘤座孢科、镰刀菌属中的串珠镰刀菌。分布于我国长江下游各产竹区，多发生在沿海竹区的山脚平地。病害引起枯萎倒竹或退笋，减少竹笋成竹率，影响竹秆基部材质。

病害症状

初期在竹笋基部几节笋壁上，出现星星点点的浅褐色病斑，往往不易被人发现，如手拉开笋箨，笋箨会自然裂开或脱落，星点小病斑连成小块状

或出现不规则、长短不一的褐色或酱紫色的条状斑后，表面稍收缩，水渍状迅速腐烂，并产生恶臭。5~6月病部表面布满白色、淡紫色的菌落及红色的分生孢子堆，即粘孢团。感病重者竹笋和嫩竹枯萎，轻者竹笋带病成竹，竹秆基部留下1至数条带状或块状烂疤，遇风易折倒。随着幼竹木质化程度的增强，病斑扩展停止，病部中央稍凹陷或纵裂，由酱紫色渐转为苍白色。9~10月后，一些病斑干枯、风化后具裂缝和空洞。剖开病竹，可见病部横断面维管束变色。

毛竹幼竹秆基腐烂病为害状

毛竹幼竹秆基腐烂病发病症状

发生规律

该病菌在病竹残留物或土壤里越冬。次年笋期经土壤表层蔓延至嫩笋的基部并侵入，可从笋幼嫩的笋箨和表皮直接侵入，也可从伤口侵入。病害流行于4月下旬至5月上旬，病害发生和流行的程度同笋期的气温、湿度、雨量、雨日有关。一般笋期阴天多雨，有利病菌生长，发病重，林地土壤含水量高、低洼积水、土壤板结、排水不良易发病。

防治方法

(1) 避免选择低洼积水的山脚平地种毛竹。

(2) 低洼积水有病林地,实行开沟排水,降低地下水位,控制病害的发生条件。

(3) 病期过后,立即清除林内病竹,并将病蒲头、病根、病箨挖掘运出林外烧毁。

(4) 有条件的地方,出笋前,在林地土表上加垫黄心土,厚20厘米,隔绝病菌和降低地下水位,效果较好。

(5) 竹笋生长到1.5米左右时, 用50%的根腐灵或30%的稻病宁可湿性粉剂的400~500倍液喷雾,每周喷1次,连续防治3次。

3. 竹秆锈病

俗称竹褥病,学名为*Stereostratum corticioides*(Berk et Br)Magn。属担子菌亚门、冬孢菌纲、锈菌目、柄锈菌科、硬层锈菌属硬层锈菌。分布于我国河南省以南各省竹产区。危害刚竹属及簕竹属中一些主要竹种。以淡竹、白哺鸡竹、雷竹等竹秆锈病发生较重,严重的竹林发病率高达70%~90%。竹秆被害后,病部变黑、发脆,竹林生长衰弱,出笋明显减少。历史性重病株风吹易折断或枯死,不少竹林因此而毁坏。

病害症状

病害常发生于竹秆基部,有的甚至是在紧靠地表的秆基部,随着竹林内病害不断加重,发病部位逐渐提高,从竹秆基部、中下部、上部、一直到小枝上都会发生。5月,病部上产生黄褐色或暗褐色圆点状、条状或梭形状粉质的垫状物,即病菌的夏孢子堆,不久,夏孢子脱落飞散后,病部呈黑褐色,病部内的病菌继续向病斑周围蔓延扩展。7~8月在竹秆表面上产生点状、条状、梭形状的褪色黄斑。同时,新老竹秆上也表现有当年病菌侵染发病的黄斑。9~10月开始至次年4月,在黄斑上产生圆点状、条状或梭形状,黄色至橙黄色的革质的垫状物,即为病菌的冬孢子堆。冬孢子吸水膨胀,最后脱落后,病部短时间呈黑褐色。

竹秆锈病为害状

竹秆锈病冬孢子堆

竹秆锈病老病斑上的冬孢子堆

竹秆锈病老病斑上的夏孢子堆

发生规律

病菌以菌丝体和不成熟的冬孢子越冬。冬孢子堆于9~10月开始产生，盛期为11月、12月初及2~3月。冬孢子成熟萌发始于3月中、下旬。病菌担孢子不侵染竹子。竹林内的冬孢子一般在4~5月间雨后吸水脱落。夏孢子堆在冬孢子堆下产生,冬孢子堆脱离时夏孢子堆显露出来。5~6月是夏孢子盛发期,成熟的夏孢子主要由风传播,是竹秆锈病的唯一(接种体)侵染源,林中1年生以上的新老竹均见发病。林内病竹上病斑常逐年增加，病情逐年加重,最后导致全株枯死。竹林在生长过密、林地湿度大、不通风、经营管理不

善的情况下容易感病。不同竹种有不同的抗病能力。在浙江省竹区早竹、白哺鸡竹、乌哺鸡竹、雷竹、高节竹、淡竹、簇竹较易感病，而毛竹、石竹、红竹、苦竹较抗病。

防治方法

(1) 选用抗病竹种而不用带病竹造林。

(2) 合理砍伐，防止竹林过密，可减少病害发生。

(3) 竹林中一旦发现个别病株时，应及早砍伐，并进行烧毁，以免蔓延。

(4) 株发病率在20%以下的轻病竹林，在3月底用刀刮除冬孢子堆及其周围上下10厘米，左右5厘米的健组织(竹青)，能彻底防治病害。

4. 竹类丛枝病

俗称雀巢病、扫帚病，学名为*Aciculosporium take*(Miyake)Hara=*Balansiatake*(Miyake)Hara。属子囊菌亚门、核菌纲、球壳菌目、麦角菌科、疣座菌属的丛枝疣座菌。分布于我国河南省以南及长江中下游产竹区，日本等国也有分布。危害刚竹属中的主要竹种。感病竹生长衰弱，出笋减少。病重竹林，常常整片枯死，竹材产量明显下降，竹林生长逐渐衰败。

病害症状

初发病症状出现在个别枝条，病枝细长衰弱，叶形变小，节数增多，节间缩短，小枝顶端长出几片新叶，后在小枝上长出无数侧枝，年复一年侧枝增多，形似扫帚状。严重时，小枝丛集成球形，如雀巢。4~5月病枝端叶鞘内产生白色米粒状物(即病菌的假子座)。当无性孢子成熟后，孢子在雨后或潮湿的天气释放于子座的表面，可见乳状液汁或白色卷须状的分生孢子角。5月底到6月上、中旬，白色米粒状物逐渐成熟，在白色米粒状物表面有1颗颗紫色到紫褐色的瘤状突起，使整个子座呈紫色至紫褐色(有性子座)。当子囊孢子释放传播后，子座消失。9~10月秋梢端部也会产生白色米粒状物，这次的产生不如春季普遍。冬天病丛枝端枯死较多，促使第2年产生更多的丛生小枝，并进一步发展成悬挂着的或不完全悬挂着的雀巢状或球状的丛生小枝群。历史性重病株，可导致全株枯死。

竹类丛枝病为害状

竹类丛枝病发病症状

竹类丛枝病子座

发生规律

病菌以菌丝体潜伏在活的丛枝或芽叶内越冬。次年春秋二季产生分生孢子，主要靠雨滴飞溅传播，有性孢子靠气流传播，或者随着有病母竹远距

离调运传播。健枝被病菌侵染的当年即可产生丛枝。老竹林,郁闭度大、不通风透光的竹林,或者低陷处、溪沟边、湿度大的竹林利于病害发生。抚育管理差的竹林发病较常见。

防治方法

(1) 加强竹林抚育管理。按年龄大小及时合理砍伐,保持适当密度,并进行松土、施肥,以促进竹林生长旺盛,减少病害发生。

(2) 严格检查,避免选取有病母竹造林。

(3) 在每年的3月底到4月初,9月初到9月中、下旬,子实体没有释放前发现丛枝病株,要及时剪除病枝,重病株连根挖除,并集中烧毁。同时可用50%的多菌灵可湿性粉剂或20%的三唑铜乳油1:500倍液喷雾,每周喷1次,连续防治3次,效果明显。

5. 竹叶筒卷病

学名为*Epichloe bambusae* Pat.。属子囊菌亚门、核菌纲、球壳菌目、麦角菌科、香柱菌属。原发病分布于日本、印度尼西亚、印度等国。我国主要发生在浙江省竹区。危害刚竹属、箣竹属、苦竹属、箬竹属等20多竹种。该病有蔓延发展趋势,局部地方已威胁着笋用竹和用材竹的生长和出笋。

病害症状

初发病仅在个别细弱枝条上,病枝基部节间缩短,中上部节间稍长,顶端着生数片小叶。在竹子生长季节,病枝不断地会长出细长的蔓枝,多至几十根蔓枝组成1束,呈丛枝状下垂,丛枝长达50~60厘米。3~4月病枝顶端叶鞘逐渐膨大(用手剥开叶鞘,可见毛笔尖状的白色子座),4~5月叶鞘开裂露出茄紫色、肉质、鼠尾状物,后变黑色,即病菌的子座。5~6月阴雨潮湿天气,病菌子座的表面可见一层乳白色的孢子堆。6~7月病叶僵白,子座干瘪,先后脱落,最后病枝中上部枯死。林间有时可见在同一根小枝上既着生筒卷病的丛枝,又着生普通丛枝病,两者丛枝易混淆。但前者丛枝较粗,又长又稀,丛枝往往下垂,会产生茄紫色鼠尾状子座;而后者丛枝较短,又细又密,丛枝往往直立向上,会产生白色米粒状子座。

竹叶筒卷病为害状

竹叶筒卷病为害状

竹叶筒卷病子座

发生规律

病菌以菌丝体在枝条叶鞘或隐叶芽上越冬。次年4~5月病枝顶端叶鞘

膨大并开裂露出茄紫色、肉质、鼠尾状子座，5月底、6月初子囊孢子成熟，借助风雨传播，侵入新枝叶鞘或隐叶芽，当年或次年萌发为丛枝，再产生子座和子囊孢子传播危害。竹冠下部枝条的基部侧枝易发病，竹林密度大、不通风、不透光者发病重，竹林边缘比林内的竹子要发病重，毛竹、白哺鸡竹、乌哺鸡竹、早竹、石竹等发病较重，抚育管理粗放的竹林发病亦重。

防治方法

以营林措施为主。

(1) 严格产地检疫，不要到病区挖取病母竹造林。要选用粗壮母竹和优越的立地条件的种竹。

(2) 加强竹林抚育管理，适时松土，增施有机肥，并保持竹林合理密度，促使竹林通风透光，增强竹林抗病力。

(3) 每年5月前及时清除林内病枝，带出林外集中烧毁，连续进行2年，病害可得到控制。

6. 竹赤团子病

俗称竹黄、竹肉、竹花、红饼病等，学名为*Shiraia bambusicola* P. Henn.。属子囊菌亚门、核菌纲、球壳菌目、肉座菌科、竹黄属。分布于我国河南省以南各产竹区。危害刚竹属、簕竹属中的细秆竹种。竹子被害后，生长衰弱，出笋量明显减少，但病症色鲜可作为庭园观赏，是治胃痛、百日咳等多种疾病有效的中药。

病害症状

该病发生在竹子的小枝上。4~6月小枝的叶鞘逐渐膨大，后破裂，露出白色或灰白色的小块，肉质，病菌继续生长、发育，后变为木栓质，继续长大成球形、椭圆形或不规则形，似粉红色的肿疣，即病菌的无性子座，直径约为1~4厘米。在潮湿的气候下，子座的一侧可以看到粉红色的分生孢子角，病菌进一步发育，子座变成紫红色，在子座表面长出一个个瘤状小突起，即有性子实体已成熟。6月下旬叶子枯黄，子座干瘪，发黑消失。

无性子实体(分生孢子角)

有性子实体

发生规律

病菌以菌丝体在病枝中越冬。次年雨季,温、湿度适宜时产生孢子,借助风雨传播。大多发生在矮小荒芜、多湿不通风的密林中。不同的竹种对该病的抗病能力有所差异。一般苦竹、淡竹、箣竹、旱竹易染病。

防治方法

(1) 加强竹林管理:做到疏伐、透光、松土,恢复竹林长势,增强抗性,减少病害发生。

(2) 清除竹黄:在5月前进行。采摘的竹黄可供作中药。从实际出发,可对病菌的发生规律作进一步的摸索和研究,创造特定的发病条件,扩大病害发生,以供中药采摘竹黄的需要。

7. 竹鞘黑团子病

俗称黑团子病,学名为*Myriangium haraeanum*(Hara)Tai et Wei.。属子囊菌亚门、腔菌纲、多腔菌目、腔囊菌科、腔囊菌属的竹鞘多腔菌。分布于我国河南省以南各竹产区。危害刚竹属、苦竹属、簕竹属各竹种。在竹区普遍发生。严重的竹林发病率达25.6%~75.2%,染病竹竹叶枯黄脱落,枝条枯死,严重的可导致全株枯死,竹林逐渐衰退,影响出笋。

病害症状

该病大多发生在小枝节叉处，少数发生在叶鞘茎部和叶柄上。病菌侵入后，病部轻微褪绿，变黄，后在病部上出现黑色突起物，随着病害加重，黑色突起物逐渐增多，有十几个黑色突起物集中在一起，远看像黑色的小团子(即病菌的子囊座)。最后竹叶枯黄脱落，小枝枯死。

竹鞘黑团子病发病症状

竹鞘黑团子病发病症状

发生规律

该病由子囊座在病组织上越冬。5~6月子囊孢子成熟，借助风雨传播。5~6月雨水多的年份，有利于子囊孢子的释放、传播、侵入，病害严重。竹林密度大、管理差的竹林病害严重。竹冠基部枝条比上部严重。抗病能力与竹种有关，如高节竹、雷竹等发病重。

防治方法

(1) 加强竹林抚育管理，及时合理砍伐老竹，保持竹林适当密度，并进行松土、施肥，以促进竹林生长旺盛，提高抗病力。

(2) 冬季或早春，结合抚育管理时，清除重病株和病枝，并带出林外，集中烧毁，减少侵染源。

(3) 发病较普遍且严重的林子，在5~6月子囊孢子释放期，可用70%的甲基托布津可湿性粉剂的500~800倍液，或50%的杀菌王可溶性粉剂的500倍液喷雾，每周喷1次，连续防治3次。

8. 竹叶锈病

学名为*Puccinia lophatheri*(Syd.)Hirats.f.。属担子菌亚门、冬孢纲、锈菌目、柄锈菌科、柄锈菌属的淡竹叶柄锈菌。在浙江省同时发生的有：长角柄锈菌*Puccinia longicornis* Pat.et Har和刚竹柄锈菌*Puccinia phyllostachydis* Kusano。竹叶锈病分布于我国河南省以南竹产区。危害刚竹属、苦竹属、箬竹属中的部分竹种。被害竹竹叶枯黄、脱落，严重影响竹子生长，竹林逐渐衰退。

病害症状

发病初期，在病叶上密生许多黄色针点状斑点，随着病害的逐渐发展，后在叶背上生出很多锈褐色的粉状物(即病菌的夏孢子堆)，在竹子生长期，基本上可看到这个现象。因夏孢子不断重复侵染，重复发病。到秋末和冬季时，在叶背上可看到暗褐色绒状圆形的冬孢子堆。严重的病叶枯黄，最后脱落。

竹叶锈病夏孢子堆

竹叶锈病冬孢子堆

发生规律

病菌以冬孢子和菌丝在病部或在病落叶中越冬。翌春2~3月冬孢子借助气流传播，进行初侵染，3月以后，一直到11月，有夏孢子多次重复侵染。气温20~35℃，相对湿度高于70%时易发病。竹林密度大，病害严重。抗病能力与竹种有关，长叶苦竹、苦竹、淡竹、绿竹受害特别严重。

防治方法

(1) 清除病落叶，集中烧毁，减少侵染源。

(2) 加强竹林抚育管理，保持适当密度，并进行松土、施肥，促进竹子生长，提高抗病能力。

(3) 从3月中、下旬开始，喷洒20%的三唑酮乳油的800~1000倍液，每周喷1次，连续防治3~4次。

9. 竹叶锈褐斑病

学名为*Schizotetranychus bambusae* Reck.。系竹子上普遍发生的一种竹叶锈褐斑病，是由时螨危害造成的，叶螨科、裂爪螨属、竹裂爪螨。分布于我国北京市以南各产竹区。危害刚竹属中的主要竹种。该病危害引起大量落叶，造成竹子生长迟缓，出笋量大大下降，严重的可导致竹林枯死，竹山荒芜。

卵

螨

病害症状

该病危害竹叶，主要在叶子反面或叶柄处危害，受害叶子正面初期呈白色小斑点，受害严重时，整张叶子上有很多白色小斑点，并进一步扩大，小白斑互相连成片，由白色慢慢变为淡黄色，最后为锈褐色。在叶背结白色丝网，每个丝网中有1~9只害螨，严重时造成大量叶子呈锈褐色枯黄、脱

白色丝网

锈褐色病斑

竹叶锈褐斑病为害状

落。危害新竹，往往使竹秆逐渐皱缩，直至整株枯死。

发生规律

竹裂爪螨一年发生多代，11月下旬主要以成螨在叶背白色丝网中越冬。次年3月上、中旬开始产卵，世代重叠，7~11月高温干燥，竹裂爪螨取食活动、繁殖速度加剧，病害严重发生。

防治方法

(1) 加强竹林抚育管理，增施有机肥，促进竹子生长，提高抗病力。

(2) 结合冬季钩梢时，把重病株、病落叶清理至林外，集中烧毁，减少第2年的侵染源。

(3) 5月在新竹放枝展叶前，选择阴雨天或黎明和傍晚之际，每亩用敌马烟剂1~2千克放烟，效果较好。

(4) 采用竹腔注药法，即在竹秆基部竹节上方用铁钉打一小孔，用

烟雾防治

金属连续注射器(兽医上用)将药液注入竹腔内,药剂可选用10%的吡虫啉可湿性粉剂,稀释2~3倍后使用,每株注射2~5毫升。

10. 竹疹病

俗称竹黑痣病、叶肿病,学名为*Phyllachora orbicula* Rehm.。属子囊菌亚门、球壳菌目、疔座霉科的黑痣菌属。常见竹园黑痣菌有白井黑痣菌*Phyllachora shiraiana* Syd.、竹中国黑痣菌*Phyllachora sinensis* sacc.。分布于我国长江以南各产竹区。个别地区发病严重。危害刚竹属、簕竹属、箬竹属中的主要竹种。竹子危害后病叶易枯黄、脱落,生长衰退,出笋明显减少。

竹疹病为害状

病害症状

危害竹叶,在叶子正面出现淡黄色小点,后扩大呈椭圆形或梭形病斑,呈橙黄色至橙红色,后期在病斑中央产生1个黑色漆状隆起物,呈圆形、椭圆形或纺锤形,即病菌的子座,其外围有明显的黄色或橙红色变色圈。在同一叶上,可产生几个至数十个黑色漆状隆起物。它的形状、隆起的程度与不同的菌种有关。

竹疹病发病症状

发生规律

病菌以菌丝体或子座在病叶中越冬。次年4~5月子实体成熟,释放孢子堆,靠风雨传播。一般在溪边、

河边密度较大的竹林发病较重，荒芜的、砍伐不合理的竹林发病也重。竹冠基部叶先发病，逐渐向上扩展蔓延。雷竹、高节竹发病严重。

防治方法

(1) 加强竹林抚育管理，合理砍伐，使竹林生长健壮，增强抗病力。

(2) 在4~5月子囊孢子释放期，用30%的稻病宁可湿性粉剂的600~800倍液，或25%的三唑酮可湿性粉剂的500~600倍液，喷雾防治，一周用药1次，连续防治3次。